Pièces montées
au chocolat
Le monde de Naomi MIZUNO

巧克力裝飾藝術
極致技法集

水野直己

瑞昇文化

巧克力裝飾藝術
極致技法集

目錄

■書中所記載的溫度、時間和調配比例等等，是筆者使用工作室中的器具設備製作成品時的實際結果。隨個人製作的環境、使用器具的不同，可能多少會有些誤差，所以請讀者依自身使用的器具、廚房環境等條件，自行稍做調整。

■關於作品的製作

○請務必使用調溫（→P47）過後的巧克力。

○各組件的大小可依大家的喜好自由變動。

○各個作品的製作方法說明（P73～P125）以簡單易懂為原則，所以可能會與照片（P5～P37）中的尺寸不盡相同。

○書中使用的模型、蛋糕紙等，請依想製作的尺寸為依據自行挑選。沒有硬性規定一定要製作什麼尺寸。

○製作各組件時，盡量多做幾個備用，以防中途毀損時可以替換。

○製作多個備用組件時，可同時做出不同大小、形狀的組件，組合時就可挑選最適合的來使用。

Le monde de Naomi MIZUNO 1
水野直己的世界

部落

在這之前，我也曾經製作過不少以非洲部落為主題的作品。

要呈現人與大地宛如合而為一的氛圍，我認為巧克力是最合適的素材。

不只這個作品，每當面對裝飾藝術時，我總是意識著要保留巧克力原有的顏色與質感。

底座部分的粗獷感，是刻意要打造出不像是模型製造出來的自然曲線，

在真正的葉片上塗抹巧克力，就可以真實呈現揚風般的姿態，

不加入其他多餘的色彩，統一使用褐色使整體更具一貫性。

尺寸：60cm｜製作方法→P74

煙火

河面上施放的煙火，在空中綻放的輕巧花朵。
為花朵繫上緞帶，呈現花束的感覺，
緞帶與花朵兩相烘托，是絕佳組合。
過去的作品中，花朵配上緞帶是最為基本的手法。
在整體較為圓潤的作品中，將緞帶前端剪裁成工整的直線。
透過這樣的手法讓緞帶的曲線更顯靈活、可愛。
這個作品也是依據基本原則，活用巧克力的原色與質感。
上方延伸的葉片沒有噴上霧面，僅在白色花瓶與褐色花朵的交接處，稍微以漸層的效果加以點綴。

尺寸：65cm｜製作方法→P82

création 3

振翅翱翔

這是以妖精翩翩飛舞為概念的作品。
宛如女性般柔美的線條,指尖到腳尖的設計充滿力道,彷彿即將振翅高飛。
小花朵將作品襯托得更有味道,白色球體則令人聯想到露珠。
雖然每個部位的雕工都不複雜,但完美的搭配讓整體設計更顯栩栩如生。

尺寸:60cm | 製作方法→P88

禪

充滿日式氛圍的作品。以一葉凜冽的蓮花呈現禪的世界。
雖然同樣是紅色，但感覺得到不同的質感。
紅色內層有黑色巧克力流洩，
尖端透薄，光線灑出，鮮豔亮紅躍入眼中。

尺寸：60cm｜製作方法→P94

création 5

誕生

描繪恐龍活蹦亂跳的從蛋裡孵化出來的景象，
是一件充滿歡樂又具故事性的作品。
葉片製作得相當逼真，但恐龍卻宛如小孩子的玩具，
反差效果使作品更顯裝飾藝術的風味。
大理石紋路深具獨特美感，是一般模型無法呈現的效果。
再搭配鋸齒狀切割的蛋殼，整體作品更帶純真童趣。

尺寸：60cm｜製作方法→P102

生命力

全部皆以白巧克力組合，再透過噴槍加以上色的作品。
原本一片純白毫無表情，但透過不同的噴色技法打造陰影，
頓時讓作品呈現令人驚艷的立體感。
製作時並非先捏塑形狀，而是先考量整體氛圍。
以旭日為意象，再以朵朵的花卉來呈現。
纏繞攀爬的常春藤是手工捏製，每片樹葉都是獨一無二，
完美呈現出最自然的曲線。

尺寸：60cm｜製作方法→P108

小丑

小丑，Pierrot。

為了呈現「虛構」的概念，小丑擺出滑稽的姿勢，

指尖與腳尖呈彎曲形狀，左肩飄離身體等等，

外觀設計脫離一般既定的人形。

整個作品是圓球的集合體，但並非同樣大小的圓球堆疊在一起，

而是打造各種尺寸的球狀物，再一一組合起來。

滾動的質感，發亮的球體，令人留下深刻的印象。

當看到作品的人，一句「這當真是巧克力做成的嗎？」

都讓我欣喜萬分。

尺寸：60cm｜製作方法→P116

金屬

有時看著鑄鐵的工匠，心中油然升起一股想創作鋼鐵氛圍的作品，
這一次完全撇開巧克力原有的質感，
創作出與眾不同的獨特金屬感。

尺寸：60cm｜製作方法→P122

Pièces montées au chocolat 2

巧克力裝飾藝術

Pièce montée au chocolat

巧克力裝飾藝術

裝飾藝術與身邊事物息息相關，
在生活中加以感受倍覺愉快。

就算是專業甜點師傅，平時製作巧克力裝飾藝術，亦即精心雕琢巧克力，或者以巧克力來雕塑作品的機會也不多。近年來雖然因聖誕節或復活節等節慶活動而有較多製作巧克力的機會，但畢竟沒有甜點師傅會花費一整年的時間創作或裝飾一個大型巧克力裝飾藝術。

巧克力裝飾藝術有悠久的歷史，在大型比賽中，吸睛度絲毫不輸給糖塑藝術。所以，期望透過這本書能讓大家有機會更貼近巧克力裝飾藝術。

製作裝飾藝術，最令人感到開心的時刻就是收尾時的那個階段。看到脫模時的巧克力光澤、如願堆疊成功的瞬間，甚至是連自己都意想不到的「奇蹟」發生時，那種快樂是無法言喻的。

巧克力裝飾藝術對我來說，還有另一個樂趣存在。我時常將生活中隨手可得的東西，拿來當作模型。走在大型量販店中，心裡天馬行空想像著如果將巧克力倒進這個東西裡，會做出什麼樣的成品。這種想像時光真的很愉快。走出戶外，追逐蜻蜓的指尖動作都能成為裝飾藝術。日式婚紗帽隨風揚起，這也可以成為裝飾藝術。生活中時時享受思索裝飾藝術的樂趣，身邊的一切事物也全都可以變成裝飾藝術。

製作裝飾藝術，思考哪個組件擺在哪個位置最適合

　　Pièce是「組件」，Montée是「組裝」或「堆疊」，Pièce Montée合起來意指「堆疊的甜點」或「雕塑的甜點」。巧克力裝飾藝術是歐洲的傳統工藝甜點，近年來也有不少相關競賽。

　　巧克力裝飾藝術常用於妝點宴會派對，或者用於店面的陳列，因為是以消費者的需求為前提所製作的，即便不乏具有歷史性的作品，卻不會像繪畫般以歷史名作之地位代代流傳。

　　製作裝飾藝術時，腦子裡想的全是這個組件擺在宴會桌上是否合宜，或者這個組件用來裝飾店面是否合適。隨時懷抱著浪漫的夢想來創作。

S形組合是基本型，自然界的生命體都是曲線構成

　　裝飾藝術沒有什麼非得這麼做不可的規則，但一個個組件的堆疊與組合卻有所依循。組合時最常使用的基本型就是S字形。自然界中有生命的物體，人類的身體或植物的莖葉，一看就非常清楚，全都是曲線的組合。河川中流動的水，這種意境之中當然也沒有直線。以自然界的萬物為藍本的話，線條就一定是曲線，而S形就是最終的結果。

巧克力裝飾藝術是藝術還是食品？我個人認為「基本上是食品」

　　巧克力裝飾藝術其實就是工藝甜點，所以既是藝術，也是食品。最近常有人特別強調裝飾藝術的藝術層面，但以我個人來說，製作時我總是將重點擺在食品層面。雖然重視顏色渲染和質感，但不會加入強烈要素。雖然我偶爾也會有比較偏向藝術層面的作品，但基本上我希望能夠繼續遵守「看起來好美味的巧克力」這個原則。

製作過程中最重要的功夫是準備。先從確定概念做起

　　若說到製作的過程，其實非常簡單易懂。製作組件→必要時製作花紋、圖案→組合。組合的時候，可以完成所有組件後再一口氣組合，也可以邊組合邊製作組件。

　　組合完工後，接著是保存。放進大型塑膠盒中，置於攝氏22～23度的環境裡。盡量避免放在溫度變化劇烈的地方（例如空調會開開關關的地方）。

　　然而正式開始製作之前，有個非常緊要的重點。

　　以我來說，開始製作之前，我通常會先素描，而且不只一次。勾勒整個作品的形象，思考什麼部位適合使用什麼技法，從概略到細節，竭盡所能的發揮想像力。創作巧克力裝飾藝術時，甚至是完成時，因巧克力易碎又不易保存，所以一開始設計的時候就要將這些因素都納入考量。基本上重的組件擺下面，越上面越輕，如此一來，巧克力作品就比較不容易崩塌。然而，重的組件擺上面會另有一番樂趣，所以在素描階段，要同時兼顧設計與製作原則之間的平衡關係。

　　接下來是準備。不用多說，主角當然是巧克力，另外還有食用色素、可可粉、模型、器具等等。試著想像製作時需要什麼材料或器具，事前全部準備妥當。為避免製作到一半因陷入僵局而導致無法完成，要確實分配好素描與事前準備的時間。

雕塑技法不計其數，初學者最需要的技術是調溫

　　巧克力裝飾藝術的入門者，最需要學習的技術首推調溫，亦即利用不同的溫度融化、冷卻、加溫巧克力，使其凝固、有光澤。在這本書中，我將為大家介紹4種調溫方式，但無論使用哪一種，大家要秉持製作食品的理念，時時將製作「能食用的東西」這種想法放在心上。過於刁鑽技術，容易將巧克力是拿來吃的這種再理所當然不過的事拋在腦後。

　　再來是鑄模的技術。如果能學會控制取模的厚度，那麼接下來的各項作業將會變得更加順手。

　　雕塑的技法不計其數，每一種都要反覆練習，直到雙手可以很自然流暢的動作。透過反覆練習，才能夠提升技術的等級。

　　我認為巧克力裝飾藝術並沒有什麼太多高超困難的技術，運用同樣的雕塑技法也可以創作出各種不同的作品，而這就是巧克力裝飾藝術最具魅力的地方。

送給立志參賽的人

結束法國的學業,回國成為製菓學校的教師後,我才開始致力於巧克力裝飾藝術的製作。回國3年後,榮獲「2007年世界巧克力大師賽World Chocolate Master」的冠軍,但包含那場大賽的作品在內,競賽專用的作品我只做過4個。

想要在比賽中獲勝,最重要的關鍵是創意,但創意究竟是什麼呢?以我為例,在製作自己的作品之前,我會徹底研究一些獲得不錯評價的作品。畢竟若做不出相同的東西,也就無法進一步超越。研究透澈後就不再多看一眼,腦中也不再回想。會受到他人作品的影響是在所難免的事,但如果不好好消化的話,充其量就只是單純的「模仿」。無論哪一個領域,從頭到尾全然是獨創似乎不太可能。所以,最重要的關鍵就是視線所到之處的重要部位,必須加入前所未見的獨家創意,而通常這也是整個作品的價值所在。驚艷與新鮮感,這是評審最感興趣的地方。我曾經擔任過比賽的評審,所以我能夠理解評審的心態。從評審是否願意停留在作品前、願意停留多久的時間,就可以從中判斷這個作品是否與冠軍寶座有緣。

對於想參加比賽的人,我有以下幾個建議。

・有計畫的善用比賽前的那段時間。

如果距離比賽還有1年左右,那就花3個月的時間好好素描,勾勒作品的形象,連同小細節的部分也必須事先設想。舉例來說,有些比賽會規定使用蛋糕加以裝飾,或者使用夾心巧克力來妝點,所以完美的素描就要包含這些蛋糕、巧克力的口味和氣味。

接下來的3個月開始製作,3個月加以修飾,最後的3個月則是完成組合。以這樣的流程與進度來完成一個作品。

・依據規定的尺寸,仔細精算。

在我參加的那場「世界巧克力大師賽World Chocolate Master」比賽中,依照規定,作品的尺寸必須高1～2公尺,底座是50公分的正四方。巧克力裝飾藝術最唯美的黃金比例是高:寬=2:1,雖然不是絕對,但構圖時最好將這個基準納入考量。

・將最想呈現的目標物,裝飾在第一眼就看得到的地方。

如果評審以女性居多的話,重點位置就要往下挪一些。同時,記得將底座的高度也一併計算進去。不僅參加比賽時要這麼做,平時也要常將這一點記在腦中。

・最後,製作這個作品的目的是將心中的想法傳遞給他人,所以,要擁有控管自己、掌握作品的堅強毅力。

糕點大師的世界非常與眾不同,這一行甚至還有可以角逐世界排名第一的比賽,實屬罕見。雖然不能光靠比賽為生,卻讓人願意將一生全都投注在此,一整年在巧克力的世界裡打轉。在比賽中與這樣的人相遇相識,成為至交,對我來說這是比獲得冠軍還要無價的至寶。

閱讀這本書的你,如果已經是名甜點大師,或者立志成為甜點師,希望你能勇於挑戰巧克力裝飾藝術,成為我們能夠共同分享喜悅的好夥伴。

參考：有巧克力組的大型比賽

比賽名稱	主辦單位	舉辦地點	舉辦時間
世界巧克力大師賽 World Chocolate Master	百樂嘉利寶公司	法國巴黎	兩年一次
世界盃點心大賽 The World Pastry Cup	Coupe du Monde委員會 VALRHONA公司	法國里昂	兩年一次
國際糕點大賽 Le Mondial des Arts Sucrés	Association du Mondial des Art Sucrés協會 DFG（Distributeurs Grossistes de France）	EUROPAIN 法國巴黎近郊	兩年一次
法國糕點大賽 Concours Charles Proust	Relais Desserts	法國巴黎	兩年一次
內海杯技術大賽	內海會	日本東京	每年
東京國際蛋糕展 Japan Cake Show TOKYO	日本洋菓子協會聯合會 東京都洋菓子協會	日本東京	每年

角逐世界第一巧克力達人的「世界巧克力大師賽」；
三人一組，以三種項目決勝負的「世界盃點心大
賽」；男女共同組隊參賽的製菓大賽「國際糕點大
賽」，以及有200多年歷史的「法國糕點大賽」。每一
項比賽都必須先通過國內預賽，贏得代表權後才能代
表國家出賽，所以需要非常頂尖卓越的技術才行。
另外，日本國內比賽「內海杯技術大賽」的水準也非
常高；而「東京國際蛋糕展」規模之大，無論在國內
外都十分罕見，一次就有2,000多座的作品參賽。

2007年世界巧克力大師賽（照片提供：百樂嘉利寶日本分公司）

3
製作

1

製作前的準備

製作之前要先將所需物品準備齊全，相關的基礎事項也最好牢記在心。

準備巧克力

巧克力的種類

巧克力的原料是可可豆。可可豆經研磨成黏稠的泥糊狀，稱為可可膏（可可塊）；而可可膏中的脂肪成分就是可可脂。巧克力製品是在可可膏中加入砂糖、香料、乳化劑等添加物所製成。通常用來製作蛋糕、甜點的調溫巧克力有黑巧克力、牛奶巧克力、白巧克力三種，這次書中只用了黑巧克力和白巧克力兩種。

調溫巧克力（Couverture chocolate）

Couverture法文中有披覆、覆蓋之意，而Couverture chocolate意指用來裝飾巧克力，披覆於巧克力外層的調溫巧克力。可可膏原本就含有一半以上的可可脂成分，再另外添加可可脂的話，可使調溫巧克力更具流動性，也更加有光澤。另外，調溫巧克力中也可以再加入砂糖和香料等添加物來調味。

黑巧克力

硬度：硬

主要成分是可可膏、可可脂、砂糖。可可含量越高，口感越苦。黑巧克力又稱純巧克力，可可含量超過60%。雖然很硬，但強度很夠，適合用在裝飾藝術中需要高強度的部分。

牛奶巧克力

硬度：中等

主要成分是可可膏、可可脂、砂糖、乳製品（全脂奶粉、脫脂奶粉、煉乳）。因為加了乳製品，可可含量降低，苦味也跟著變得溫和滑潤些。※將黑巧克力與白巧克力加在一起可以製作出強度與牛奶巧克力相仿的巧克力，所以這次書中沒有使用牛奶巧克力。

白巧克力

硬度：柔軟

可可脂中加入砂糖、乳製品、香料等成分混合製成的巧克力。因不含可可膏，所以顏色呈乳白色，也因此少了點巧克力風味，甜度較黑巧克力與牛奶巧克力高。硬度柔軟，較為容易捏塑，適合用於延展、製作複雜的雕工。

可可脂

可可膏是可可的果實種子「可可豆」經發酵、乾燥、烘焙，再研磨成泥糊狀的加工製成品。再經過加熱與高壓，提煉出來的天然油脂，即為可可脂。可可脂的熔點大約是28℃，30℃以上就會完全融化成液體，巧克力「入口即化」的口感就是來自於可可脂。製作巧克力裝飾藝術時，會將巧克力與色素混合在一起，製成有色可可脂。

調溫

巧克力中的可可脂有各種不同熔點的結晶體，增加其中最穩定的晶型結晶體，可以使巧克力變得更具光澤且容易塑型。具體來說，調節巧克力溫度的過程就稱為調溫（Tempering）。一般多使用大理石調溫法，但這裡也會向大家介紹其他調溫方法。

透過溫度調節，亦即升溫及降溫，為什麼安定的結晶體會留下來，粒子會重組呢？

如上面所述，可可脂的成分中有各種不同熔點的結晶體，融化溫度各有不同。其中最精細、最安定的是熔點最高的結晶體，調溫的目的就是要留下這些最安定的結晶體。

具體的調溫方法是先加熱巧克力，高溫會讓所有結晶體完全融化。接著是降溫，熔點高的結晶體會再次結晶化，而熔點低的結晶體則維持液體狀。然後再次加熱，但這次只要稍微加熱即可，可以讓安定的結晶體保留下來的溫度就好。如此一來，安定的結晶核逐漸增加，具有光澤且質地滑順的調溫巧克力就完成了。

調溫失敗的話，巧克力就無法順利成型。這就是為什麼製作巧克力裝飾藝術時，最不可或缺的技術是調溫。

一般來說，加熱的基準是45～50°C，降溫則維持在28°C左

右。但是，巧克力的種類和器具的品牌都會影響適切的溫度，所以這一點要特別注意。包裝袋上都會清楚列出加熱溫度，進行調溫時請務必加以確認。

另一方面，廚房的室溫、大理石工作板的溫度、器具或模型的溫度都是影響因素之一，所以要反覆多操作幾遍，直到可以用手的感覺來進行微調。

調溫測試。如果調溫失敗，無論經過多久的時間，巧克力都不會凝固（右側）。

大理石調溫法 | 將融化的巧克力均勻倒在大理石工作台上的調溫法

1
大理石工作台的溫度大約與室溫相同（攝影時室溫22°C）。首先，在大理石工作板上噴灑酒精。

2
鋪上適當大小的OPP底紙。
※在OPP底紙上作業，不僅可以保持大理石工作台的乾淨，也比較衛生且有效率。除此之外，滴落在底紙上的巧克力還可以再利用。

3
使用刮板將空氣推出去，讓OPP底紙緊貼在大理石工作台上。

4
使用刮板推掉空氣時，可能會推出一些殘餘的酒精，請用廚房紙巾將OPP底紙確實擦拭乾淨。※巧克力嚴禁碰到水。

5
加熱至50°C融化巧克力（攝影時融化了2公斤），取2/3的量均勻倒在大理石工作台上。
※以巧克力調溫鍋加熱一晚，將巧克力融化。

6
以刮板將巧克力推開攤平。刮板如果只在巧克力表面上移動的話，容易有空氣跑進去，所以刮板要盡量置於巧克力中。

7

將外側的巧克力往中間推刮。

8

推刮時刮板還是要維持在巧克力中。

9

再次將巧克力抹平攤開。

10

然後再將外側的巧克力往中間推刮。就這樣重覆幾次。

11

當巧克力表面變得不再光亮，移動刮板時會產生縐褶時，這就表示巧克力開始結晶。

12

當巧克力降溫至27°C時，將巧克力再次集中起來。

13

將OPP底紙往內摺，把巧克力包在裡面。先將靠近身邊的OPP底紙往上摺，蓋在巧克力上面。

14

然後再將對側的底紙往下摺。

15

連同OPP底紙將巧克力拿起來，倒入剛才還留有1/3量的攪拌盆中。

16

用矽膠刮刀輕輕攪拌，讓溫度降至32°C左右。

攝影時所使用的巧克力是Callebaut「3815」。融化溫度是45～50°C，冷卻溫度是27°C，最佳使用溫度為31～32°C，上限是34.5°C。

17

調溫好的巧克力，呈現霧面光澤。
※照片中為了使大家看清楚巧克力光澤，特意將矽膠刮刀舉起，平常作業時不要這麼做，空氣容易跑進去。

使用過後的OPP底紙可以冰在冰箱裡。只要將凝固的巧克力剝掉，就可以再次利用。

要將調溫好的巧克力加以保溫，並保持流動（表面容易受到室溫影響，而置於保溫鍋中的話，因接觸鍋壁的部位溫度會比較高，為了保持整體溫度的一致，偶爾需要攪拌一下。）

以下所使用的巧克力種類、溫度和調溫後的處理都同大理石調溫法（→P48）。

| 水冷法 |

以冷水幫巧克力降溫，再加熱提高溫度的方法。需注意水珠可能會滴落至鋼盆中。

1 在容易導熱的鋼盆中放入冷水和少量的冰塊。冰塊過多的話，巧克力容易因溫度過低而凝固。然後將裝有50℃巧克力的鋼盆置於冰水中。

2 以矽膠刮刀確實攪拌，讓巧克力降溫。攪拌動作不要過大，小心不要讓水潑灑至裝有巧克力的鋼盆中。

3 鋼盆邊緣的巧克力容易凝固，所以小心持續攪拌，不要讓巧克力結塊。待溫度下降後，移開冰水鋼盆再攪拌一會兒，然後再置於冰水中讓巧克力的溫度下降至27℃。

4 將裝有巧克力的鋼盆置於火爐上加熱，讓巧克力的溫度上升。要不停攪拌以防巧克力燒焦，讓溫度上升至32℃左右。

| 種子法 |

在融化的巧克力中加入固體狀巧克力（常溫）以調整溫度的方法。

1 攝影時使用2公斤的22℃的巧克力。為了最終能維持32℃，只取7成（1400g）的巧克力融化至50℃，待稍微降溫後，再丟入剩餘3成的巧克力。靜置一陣子後，融化的巧克力會將熱度傳導至固體的巧克力上。※熱的傳導方式會依巧克力的大小而有所不同，所以要視情況調整比例和溫度。

2 視巧克力的狀況開始以矽膠刮刀充分攪拌。如果融化的巧克力尚未傳熱至固體巧克力的中心部位，那麼下個步驟中，以攪拌機攪拌也頂多將巧克力打得更碎而已。這一點要特別留意。

3 以攪拌機攪拌。攪拌機前端的攪拌頭要埋在巧克力裡面，因為攪拌頭如果提得太高，空氣容易跑進去。

4 當巧克力表面呈霧面光澤時，以溫度計確認一下是否大約32℃。

| 微波爐加熱法 |

利用微波爐加熱來融化巧克力的方法。因具有從中心內層開始融化的優點，適合巧克力量少時使用。

1 將巧克力倒入可放進微波爐的器皿中（攝影時使用的是塑膠材質），然後以微波爐加熱。

2 加熱一會兒後，要拿出來進行確認。因為由內而外加熱，所以外觀上不容易看出是否開始融化，要仔細再三確認。

3 以矽膠刮刀均勻攪拌，如果還有巧克力碎片，表示尚未完全融化。以溫度計量測，溫度要上升至大約32℃。

4 32℃的巧克力。表面會呈現霧面光澤的狀態。如果要讓巧克力更光滑沒有紋路，可以使用攪拌機攪拌。

準備上色

上色顏料的種類

巧克力上色時，通常會使用食用色粉或者摻有食用色素的彩色可可脂。

1 食用色粉

粉末狀的食用色素，一般也稱為食用色粉。本書的作品主要使用「CHEF RUBBER」公司的食用色粉。上色時，以毛刷或手指將色粉塗抹在巧克力或模型上。另外，摻在融化的可可脂中，就可以當作巧克力專用的上色顏料。

珍珠亮粉／CHEF RUBBER公司
藍色、紅色、綠色、橘色、紫色、金色

2 彩色可可脂

彩色可可脂是已經上色的可可脂，本書的作品主要使用「CHEF RUBBER」公司的「彩色可可脂」。如上所述，將食用色粉摻在可可脂中，可以作為巧克力的上色顏料，但如果要大量使用，為了維持一定的色調，可以選擇使用彩色可可脂。

彩色可可脂／CHEF RUBBER公司
藍色、紅色、綠色、白色、銀色、金色
（白色、銀色、金色中含有二氧化鈦）

可可脂中加入食用色素的製作方法 | 請置於陰涼處保存，要使用時再加熱使其變成液態狀。

1 以微波爐加熱融化可可脂。要完全融化。

2 加入食用色粉。色粉的份量，請依使用的色素與目標顏色自行調整。照片中所使用的色粉為綠色，份量是可可脂的10%。

3 以攪拌機等可以高速攪拌的設備充分的均勻攪拌。如果使用打蛋器的話，恐會容易結塊。

4 以茶葉濾網過濾掉雜質與細小塊狀物。

5 倒入乾淨的鍋盆中保存。

6 使用珍珠亮粉也是同樣的製作方法。照片中是銀色珍珠亮粉，份量是可可脂的5%。

| 混色 | 塗抹 | 直接噴色 |

混色

混合不同顏色的彩色可可脂，製作獨創的美麗色彩。混合好幾種彩色可可脂會變成黑色。

準備2種以上的彩色可可脂，分別放入微波爐中加熱融化。

將2種彩色可可脂加在一起，份量自行斟酌。

以矽膠刮刀輕輕攪拌均勻，小心不要讓空氣跑進去。

塗抹

將食用色粉塗抹在巧克力上，或者將彩色可可脂塗抹在模型上等等。

將食用色粉塗抹在巧克力上
將食用色粉直接塗抹在巧克力上。毛刷的毛要軟一點比較好。

將彩色可可脂塗抹在模型上
將彩色可可脂滴在模型上，然後以手指均勻塗抹在模型內側。接著再倒入巧克力，待凝固後脫模，巧克力著色完成。

以噴槍上色的方式。在模型內側噴上薄薄的一層色素。如果覺得塗抹彩色可可脂有厚重感或黏著力太強不易脫模，可以選擇使用噴槍噴色的方式。

倒入巧克力，待凝固後脫模，色素就會沾附在巧克力上面。顏色漂亮又有光澤。

直接噴色

將彩色可可脂裝入噴槍中，以噴灑的方式上色。彩色可可脂要加熱至30℃。

單色噴色
彩色可可脂加熱至30℃後裝入噴槍中使用。若想呈現霧面質感，可先將想上色的巧克力冷凍後再噴色（→P72）。

要噴成褐色的話，為了突顯顏色，可先噴上一層白色的彩色可可脂。

乾了以後，再噴上目標顏色，如此一來，色彩會更加鮮豔亮麗。

增加其他顏色
如果想再加上其他顏色，就等乾了以後，再噴上其他顏色。

活用巧克力的自然顏色

如果能夠靈活運用巧克力的自然顏色（黑巧克力是深褐色、牛奶巧克力是褐色、白巧克力是乳白色），沒有上色顏料也能夠有多樣化的設計。以自然色增添美味的口感。

單色

塗抹上巧克力，以手指畫出花紋（→P118）。

噴槍中裝入以不同比例混合的可可脂，進行噴色、繪圖，或者製造漸層效果。

巧克力與可可脂的比例。
可可脂：黑巧克力＝1：1
可可脂：牛奶巧克力＝1：1.5
可可脂：白巧克力＝1：2

多色組合

以黑巧克力與白巧克力層層相疊（→P76）。

黑巧克力與白巧克力相疊，雕刻黑白相間的花紋（→P87）。

利用黑巧克力凸顯白巧克力的花紋（→P86）。

利用黑巧克力與白巧克力製作大理石的紋路（→P106）

活用已上色的巧克力

多數風味巧克力都已經配合各種風味著上不同的顏色。通常風味巧克力多以白巧克力為基底，因柔軟的屬性，多用來自由型塑、捏造型。

紅色的草莓風味巧克力（照片為食物處理機攪拌後的狀態）。

綠色的檸檬風味巧克力。

以紅色和綠色巧克力捏塑的花朵（→P92）。

準備器具

器具的種類

製作巧克力裝飾藝術的器具，其實和製作甜點、蛋糕、巧克力的專用器具大同小異，還有不少工具是取用於身邊隨處可得的器物。本書所使用的各種器具幾乎全列舉於下，提供給大家參考。

本書使用的器具

切麵刀（請參考P54）	圓形圈模	OPP底紙（請參考P54）
蛋糕刀（請參考P54）	半圓慕斯模、法國土司模（可用半圓慕斯	透明塑膠桌墊
刀具	模代替）	烤盤紙（請參考P54）
刮板	空心圓模	廚房紙巾（請參考P54）
L型抹刀	蛋形模型	
矽膠刮刀	淚滴形模型	攪拌盆（塑膠材質／請參考下方說明）
杏仁膏雕塑工具組	模型（半圓球、蛋、可可豆）	塑膠盒
毛刷（前端為軟毛）	印花模（金屬製）	涼架
擠花袋	糖塑用推壓模（花、葉）	
不鏽鋼擀麵棍	切模（圓形）	大理石工作台（請參考下方說明）
鑷子	印章模（請參考P55）	木製工作板（請參考下方說明）
竹籤	管子（用於製作曲線）	轉台
膠帶	泡棉板（製作模型或當作桌墊使用／請參	
紙膠帶	考下方說明）	微波爐
透明資料夾（巧克力塑型用）	珍珠板（製作模型或當作桌墊使用／請參	食物處理機
三角刮刀	考下方說明）	攪拌機
梳子（整理頭髮的密齒梳）	四方框（固定甘納許用）	瓦斯槍
鋼絲刷		冷卻噴霧
迷你刻模機／刨刨工具（請參考P87）	※製作原創模型（請參考P56）	酒精（消毒器具用）
雕刻刀	石粉黏土、矽氧樹脂、催化劑	
噴槍	砧板（作為桌墊使用）	手套（請參考下方說明）

考慮材質與熱傳導 ｜ 因為巧克力容易融化，要依照用途選用適合材質的器具。

大理石工作台
在大理石工作台噴上酒精，消毒擦乾淨後使用。因為不容易導熱，適合用來製作巧克力。大理石工作台的溫度通常會與室溫相同。

木製工作板
木製工作板也不容易導熱，適合用於巧克力溫度過低或室溫太低時。

泡棉板（左）、珍珠板
泡棉板具有斷熱性與防水性，輕便好使用。有1公尺左右的大尺寸、粗紋路、細紋路、各種厚度可供選擇。因為質輕好切割，常用來製作模型或當作桌墊使用。珍珠板則是保麗龍板的兩面貼上特殊材質的紙，不易導熱且好切割。不僅可當作桌墊，也可以挖空當作模型使用。

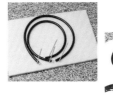

塑膠材質的攪拌盆
一般的攪拌盆多用不鏽鋼材質，但製作巧克力時適合使用導熱慢的塑膠製攪拌盆。如果需要急速冷卻的話，適合使用不鏽鋼製的攪拌盆。

手套
使用布製手套能預防高溫燙傷，但如果不想破壞光滑的巧克力表面，或必須直接接觸液體狀的巧克力時，建議使用較為合手的橡膠手套。

切麵刀、刀具類

切麵刀、刀具類用於切割巧克力。以瓦斯槍溫熱刀具後再切割巧克力的話，可讓切面比較平整光滑。另外，切麵刀也可以用來代替不鏽鋼板。

OPP底紙、烘焙紙類

薄透的塑膠膜OPP底紙，附著力高、水分與油脂不易滲透，適合用來黏貼於工作台上，以及組件的型塑。可以準備一捆捲筒狀的OPP紙備用，包裝時也可以使用。烤盤紙，巧克力不易沾黏，還具有透氣與防水等功能。不僅可以鋪在巧克力與工作台之間，還可以加工製成擠花袋。具有吸附力的廚房紙巾，可以用來抹除多餘的巧克力。

切麵刀
可以將巧克力的邊緣刮得十分平整，也可以將突出於模型外、多餘的巧克力刮除。

可用於製作花瓣或縐褶形狀的組件。使用一般刀具或抹刀也可以，但切麵刀的接觸面積較廣，比較容易製作出各種尺寸的組件。

先以瓦斯槍溫熱切麵刀，再將巧克力置於上頭，融化的巧克力可以當作黏著劑使用。例如製作圓球時，將兩個半球黏合在一起；或者組合裝飾藝術時，將各個組件黏合在一起。

刀具類
要切開固體狀巧克力時，可先用瓦斯槍溫熱刀具，如此一來就可以筆直的切割巧克力，而且切面也會十分工整。

OPP底紙
可黏貼於工作台上。不僅可使作業更流暢，也不會弄髒工作台。調溫的時候（→P47），將OPP底紙鋪在大理石工作台上，既衛生也不會浪費巧克力。

抹上巧克力凝固後，與OPP底紙接觸的巧克力表面會比較平整光滑。也可以用來挖空塑型。

烤盤紙
食材放在上面也不易沾黏，具透氣性和防水性。等待巧克力凝固或已經凝固的巧克力都可以擺放在上面。另外，與烤盤紙接觸的巧克力表面在凝固後會有一種霧面的質感。

廚房紙巾
黏接巧克力組件時，可用廚房紙巾擦拭掉多餘的巧克力漿。另外，也可以用來擦拭工作台或模型裡的水氣。

OPP底紙黏貼方式

將OPP底紙黏貼在工作台時，要緊密貼合，不然會妨礙作業。貼好後可能會有水氣或灰塵沾附在上面，所以記得最後要再擦拭一下。

1 在工作台的每個角落噴上酒精。

2 鋪上OPP底紙。

3 使用刮板由中央往外側刮，將裡面的空氣推擠出去。

4 酒精或許會殘留在OPP底紙上，記得用廚房紙巾澈底擦拭一次。

關於模型

鑄模、切模等等，模型的種類形形色色，所以要依照自己設計的概念去選擇最適合的模型。除了市面上現成的模型外，也可以利用植物、器皿、隨處可得的器具、箱子來製作獨樹一格的模型。利用原創的模型所製作出來的組件，是僅次於設計創意最能突顯巧克力裝飾藝術的元素。

現成的模型

上排為鑄模。左起是可可豆形、半球形、蛋形、鑽石花紋蛋形、曲線花紋蛋形、裂痕花紋蛋形。中間是製作糖霜蛋糕的花朵形狀切模、印花模（將巧克力沾在金屬印花模外面，凝固後脫模就變成花的形狀→P114）、花瓣形狀的印章模。下排模型，左起是可可果實形、裂痕花紋蛋形、壓克力製蛋形。

利用植物製作模型（→P68）

利用手邊現有器皿製作模型（→P69）

原創模型｜製作印章

在塑膠板上裁出自己喜歡的圖案，然後裝上把手。可以用抽屜零件當作把手。

擠花袋的製作方法

黏合等只需要極少量的巧克力時，可以自製小型擠花袋。因為是用於作業較為精細的部位，所以一定要謹慎製作。

1 將長方形的烤盤紙如同左側照片所示範般，斜摺後割下來。

擠花袋的前端

2 如同左側的照片般將烤盤紙擺放在桌上。長邊的中心點（直角處的對側）為擠花袋的前端。以前端為軸心，從靠近身體的這一端開始捲。

3 將前端捲得跟針一般細，最後，末端要與直角處重疊在一起。然後將末端與直角處同時向擠花袋內側摺進去。

4 倒入巧克力，然後將開口往自己這個方向摺。摺到擠花袋鼓起來為止，再視自己所需要的大小，以剪刀剪開前端的開口。

1 使用石粉黏土（以天然石粉、水、紙漿製成）製作模型。石粉黏土並非食品用材料，所以，請勿拿使用過的石粉瓷土來製作模型。

2 準備切割板等桌墊，在桌墊上將石粉黏土搓揉到軟。

3 以不鏽鋼製擀麵棍將黏土壓平。

4 以圓形圈模壓出數個圓形。攝影時使用的是直徑10、8、6cm的圓形圈模。

5 將圓形黏土置於製作糖霜蛋糕用的葉片模型上。

6 以手掌用力壓平。

7 讓葉片花紋確實複印在黏土上。

8 將小一號的圓形圈模（直徑10公分的黏土就用直徑8公分的圈模；直徑8公分的黏土，就用直徑6公分的圈模）置於複印有花紋的黏土上。

9 割掉參差不齊的邊緣後，就變成漂亮的葉片黏土。

10 在工作台上鋪一層塑膠膜，並將葉片黏土並排在四方框中。黏土與黏土之間要留縫隙，不要緊靠在一起。

11 準備足夠份量的矽氧樹脂灌模。
※這次使用的是美國製的「Silicon Rubber S-FBBR」。矽氧樹脂與催化劑是成套販售。

12 在矽氧樹脂中加入催化劑（份量是矽氧樹脂的10%），均勻攪拌。
※矽氧樹脂與催化劑的比例，請再次確認矽氧樹脂外罐上的說明。

13
將摻有催化劑的矽氧樹脂倒在黏土上。從高處灌注，比較不會有空氣跑進去。

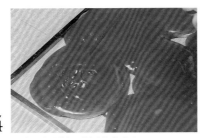

14
以冷卻噴霧將裡面的空氣擠出來。

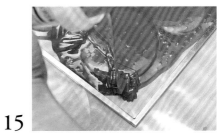

15
整個四方框中都注入矽氧樹脂。

16
以竹籤將氣泡戳破，讓整個四方框都填滿矽氧樹脂。

17
靜置24小時讓矽氧樹脂凝固。溫度高凝得比較快，所以盡量置於室溫較高的場所。

18
凝固後翻至背面，將塑膠膜撕下來。

19
以小刀割開矽氧樹脂與四方框的接縫。

20
取下四方框。

21
將黏土一一拿起來。

22
葉片模型完成。確實讓模型陰乾。

將巧克力注入模型中，凝固後就是有著美麗葉脈花紋的圓形葉片。

2

基本技法

在這個單元中，將為大家介紹巧克力裝飾藝術常用的技術與所需的基本技法。

製作圓球與蛋 －使用鑄模－

可一次作出許多相同組件的鑄模，是製作巧克力藝術裝飾時最不可或缺的工具之一。現在讓我們一起來學習可以完美控制厚度，成功製作出成品的技巧。

1

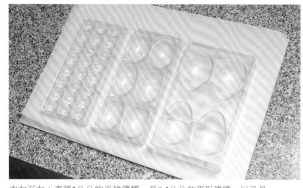

由左至右：直徑3公分的半球鑄模、長8.5公分的蛋形鑄模，以及長11公分的蛋形鑄模。為了呈現巧克力的光澤，使用容易脫模的塑膠製鑄模。

2

使用擠花袋，在模型中注滿巧克力。

3

拿起模型在工作台上輕敲幾下，排出裡面的空氣，也使巧克力表面更平整。
※若想做成實心半球體，就將模型直接擺入冰箱中凝固。

4

將整個模型倒扣過來，讓巧克力流出來。如果步驟3完成後立刻將模型倒扣過來的話，球殼會比較薄；靜置一會再倒扣的話，球殼會比較厚。另外，模型倒扣時，若傾斜一邊，球殼的厚度會不一致，所以請務必保持水平。

5

輕敲模型的四邊。為了使所有球殼的厚度一致，四邊都要敲。另外，用力敲，球殼會比較薄；輕輕敲，球殼會比較厚。

6

保持模型水平倒放，然後使用切麵刀將滴垂的巧克力刮平。製作小型半球殼的時候，要記住切麵刀的移動方向，或者在模型上做記號。

7

在木製工作板上鋪一層烤盤紙，並架好兩支厚度約1公分的木棍。

8

保持模型倒放，將模型置於木棍上，勿讓模型緊貼著工作台。巧克力尚未完全凝固，所以模型若與工作台緊貼一起的話，向下流動的巧克力會堆積在邊緣，球殼的邊緣會變厚。維持這個狀態讓巧克力凝固。

9

待巧克力不再流動，表面霧化，就表示巧克力開始凝固。這時候就可以將模型翻回正面。

10

以切麵刀刮除突出於模型外的巧克力。如果是大型蛋殼，分兩次處理，由中線往上、往下刮除多餘的巧克力。

11

圖片中已經先刮除上半部多餘的巧克力。如果從上半部直接刮到下半部的話，會因為力道偏向一側而導致蛋殼破裂，或者無法切齊蛋殼的切面。所以要分成兩次處理，由中線向兩邊施力。

12

如果是小型半球殼，則以與步驟6相反的方向刮除多餘的巧克力。因為球殼很小，不太需要擔心有破裂之虞，但切記力道一定要均勻，不可偏向某一邊。

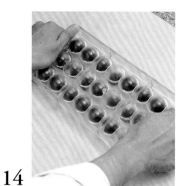

13
將模型倒放在鋪有烤盤紙的工作台上。這次不需要架木棍，直接讓模型貼著烤盤紙。如果模型與烤盤紙之間有縫隙的話，水氣會跑進去，巧克力表面會霧化。然後直接擺入冰箱中凝固。

14
凝固之後，在模型倒放的狀態下，稍微用力按壓兩側，或者輕敲邊緣，巧克力自然會剝落。因為巧克力凝固收縮，會與模型之間產生縫隙，很容易就可以脫模。

15
脫模的巧克力。表面平滑有光澤。接下來，2個一組，將2個半球殼黏合成1個圓球。

16
請先準備好切麵刀、瓦斯槍和廚房紙巾。

17
先以瓦斯槍溫熱切麵刀。

18
將2個半球殼置於切麵刀上，讓球殼切面的巧克力稍微融化。這裡要特別注意，一旦融化過度，球殼恐會變形。

19
將切面置於廚房紙巾上，吸附多餘的巧克力。

20
將兩個半球殼黏合在一起。

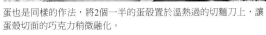

21
蛋也是同樣的作法，將2個一半的蛋殼置於溫熱過的切麵刀上，讓蛋殼切面的巧克力稍微融化。

22
將切面置於廚房紙巾上，吸附多餘的巧克力。

23
接下來，切面對準切面，將兩個一半的蛋殼黏合在一起。

24
靜置一旁直到凝固。

製作柱體　－使用泡棉板－

巧克力藝術裝置的支柱，基本上都是S形曲線的組合。使用容易切割成各種形狀的泡棉板，製作曲線的柱體。

1 製作厚與薄兩種柱體。製作薄的柱體時，使用更容易切割的珍珠板就好。先畫好輪廓（完成時表裏會相反，所以請將構圖反射在鏡中，然後照著鏡中的圖案勾勒輪廓），再以小刀裁切。

2 將輪廓裡的部分挖空。

3 製作厚的柱體時，使用泡棉板。板上的紋路粗細會影響巧克力表面的質感，可視需要或個人喜好選擇。同樣先勾勒輪廓，然後以小刀裁切。

4 將輪廓裡的部分挖空。

5 在木製工作板上鋪一層烤盤紙（若希望巧克力表面是平滑有光澤，可改鋪OPP底紙），然後將裁切好的珍珠板或泡棉板放在上面。使用擠花袋將巧克力注入挖空的部位。可透過巧克力注入的份量來微調柱體的厚度。

6 細尖部位也要確實填滿巧克力。連同木製工作板一起拿起來，稍微輕拍一下，排出裡面的空氣，也使巧克力表面更平整。然後直接擺入冰箱中凝固。

7

凝固後，將巧克力從模型中取出來。如果不易脫模的話，就使用
小刀從巧克力的側邊垂直劃一刀。

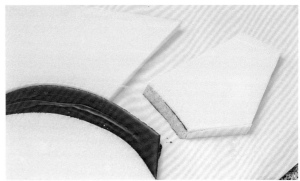

8

輕輕的將模型取下來，小心不要敲到或割到巧克力。

9

曲線內側部位會因為巧克力收縮力強的關係而不易取下模型。

10

這時候可以使用小刀從曲線內側劃兩刀，小心的將模型取下來。

11

脫模後，以刀子將巧克力邊緣的直角削成圓角。

12

底部平整光滑的那一面，在組合的時候就當作正面來使用。

製作細長曲線　－使用透明塑膠管－

使用透明塑膠管自製曲線的組件。為了不讓空氣跑進去，要掌握注入巧克力的力道與方向。

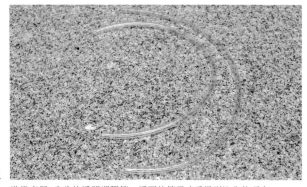

1　準備直徑1公分的透明塑膠管。透明的管子才看得到注入的巧克力。長度視個人需求而定。

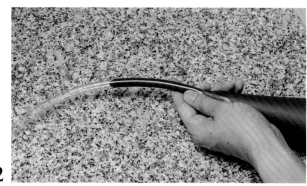

2　將巧克力裝入擠花袋中，並將擠花袋的尖端插入塑膠管中。如果塑膠管向下垂的話，空氣容易跑進去，所以最好在工作台上操作。想著要將巧克力推出去般用力捏緊擠花袋，如此一來，空氣也比較不會跑進去。

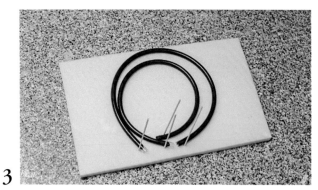

3　將透明塑膠管置於保麗龍板上，先繞出自己想要的曲線，然後以竹籤固定。擺入冰箱中凝固。

4　以小刀輕輕割開塑膠管。淺淺的割開塑膠管表面就好，小心不要割到裡面的巧克力。另外一側也是淺淺劃開。

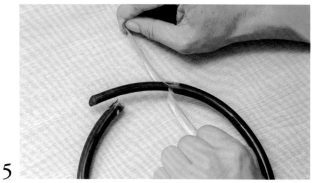

5　從兩側拉開塑膠管，邊割邊拉開。

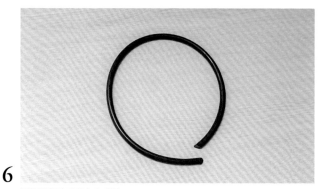

6　圓柱形曲線巧克力完成了。

製作立體曲線　－使用OPP底紙－

將片狀巧克力加以彎曲，製作成立體曲線的技術。將巧克力均勻抹成薄片狀，可製作出非常精緻的組件，利用各種切割法與捲法，完成多樣化曲線。

1 將OPP底紙緊密貼在木製工作板上（→P54）。然後將巧克力倒在上面，以L型抹刀均勻抹平成長方形。

2 使用小刀將四個邊切齊（連同OPP底紙一起切割）。

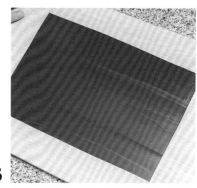

3 靜置一旁凝固，直到巧克力不會沾附在手指上的程度（尚未完全凝固，表面依然是柔軟的狀態）。

4 使用小刀在巧克力上劃出有弧度的鋸齒狀。小心不要割到底下的OPP底紙。

5 從角落將OPP底紙捲起來。

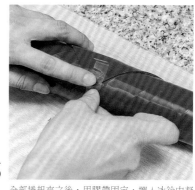

6 全部捲起來之後，用膠帶固定，攤入冰箱中凝固。

7 凝固後，撕開OPP底紙。

8 劃多少刀，就會有多少個曲線組件。

9 放在平面上，就會呈現立體狀的曲線。

自由型塑

活用食物處理機的技術。要將巧克力當黏土自由捏塑形狀，這個方法最可行。

1 一般家庭用的食物處理機也可以。裝上刀具。

2 將巧克力倒入處理機中，份量大約3～5分滿。太多太少都不好。

3 啟動食物處理機將巧克力磨碎。偶爾傾斜搖晃一下，讓巧克力可以全部均勻磨碎。

4 黑巧克力比較硬，所以要研磨攪拌至黏糊狀。使用白巧克力的話，只要研磨至肉鬆狀就好。可依用途調整一下刀具的種類。

5 只取需要的份量置於大理石工作台上。

6 慢慢搓揉至軟。

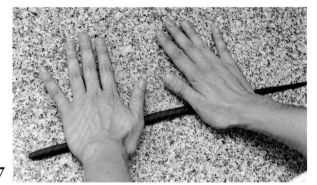

7
搓揉成自己想要的形狀。若過程中不想巧克力上面沾有指紋的話，可以使用透明資料夾等看得見巧克力形狀的透明膜鋪在巧克力上面。

8
另外也可以製作一些刻意留下指紋、手指形狀的組件。例如作品8「金屬」中的組件，就是刻意以大拇指的根部按壓，留下手指的痕跡。

9
用刀子將巧克力從工作台上剝離。

10
立起來後再以手指在巧克力表面上創作各種表情。

11
彎曲成自己想要的形狀。

12
擺入冰箱中凝固。

製作葉片　－活用植物－

活用真正的樹葉，可以製作出逼真的葉片。以身邊觸手可及的物品作為模型藍本，讓巧克力裝飾藝術的組件更加栩栩如生。

1 準備樹葉，最好有一定的厚度與清晰的葉脈紋路。用廚房紙巾將葉片上的灰塵、髒汙清理乾淨。

2 用毛刷在樹葉的背面塗抹巧克力。

3 以手指輕滑過樹葉邊緣，將多餘的巧克力拭去。

4 靜置一旁凝固，當巧克力不會沾黏在手指上時，再塗抹第二層。這是為了增加巧克力的硬度，也為了使做出來的葉片更具立體感。

5 擺入冰箱中凝固。也可以使用冷卻噴霧使巧克力凝固。凝固之後就可以將樹葉剝下來。

6 葉脈與弧度完美呈現的組件完成了。

製作底座　－善用器皿－

善用餐具、箱子等器具來作為模型的藍本。沒有適合的製菓用模型時，想要天馬行空發揮創意時，看看身邊有什麼吧。

1 使用前請確實擦乾。
※作品1～4的底座都是使用照片中這個器皿製作的。

2 將巧克力倒入器皿中。視作品需要，自行斟酌份量。

3 將器皿輕輕的在工作台上敲個2、3下，可以排出裡面的空氣，也可以使巧克力表面更平整。然後直接擺入冷藏室或冷凍庫中凝固。

4 準備一個較器皿口徑小的圓形圈模，直接擺在巧克力上。

5 一手押著圈模，一手將器皿倒扣過來，置於工作台上。

6 將器皿拿掉。真正在製作巧克力裝飾藝術時，底下不是擺放圈模，而是另外製作一個類似圈模大小的巧克力平底底座。之所以選擇口徑小於器皿的圈模，是為了移動作品時，方便手指可以伸入巧克力作品與工作台之間。

固定・黏合

製作巧克力裝飾藝術，另外一個成敗關鍵就在於各個組件的組裝。如何讓大家看不出黏合的部位，全憑個人的手上功夫。

平面與平面的黏合

1 將組件擺好相對位置，然後以刀子在黏合部位劃上記號。

2 若組件是較為大型的柱體狀，就直接融化柱體底部的巧克力當作黏著劑。將要黏合的那一面置於溫熱過的切麵刀上融化。

3 黏合在事先做好記號的地方，以冷卻噴霧加速凝固。

平面與弧面的黏合

1 擺好組件，在黏合部位劃上記號。原本應該將記號劃在看不到的地方，但考慮到黏著劑巧克力有厚度，所以將記號劃在上面。

2 使用擠花袋，將巧克力擠在記號線底下（組件黏合上去後就看不見的部位）。

3 將作為黏著劑的巧克力擠在黏合處。一般而言，作為黏著劑的巧克力份量不要太多，但如果組件的尺寸和強度較大，請自行斟酌增減份量。

弧面與弧面的黏合

4

將組件黏合在一起。

1

找一個和組件同樣都有弧度的器具（湯匙或湯杓）溫熱備用，接著將想黏合的部位貼在器具的弧度上，讓巧克力熔出一個凹洞。

5

因大型組件較為不穩，可以在縫隙中再擠入一些巧克力，並且用手指將巧克力推開，推勻。

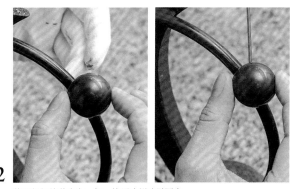

2

將兩個組件黏合在一起，使用冷卻噴霧固定。

6

作為黏著劑使用的巧克力完全沒有突出於接縫外，完美接合在一起。從側邊也看不出有黏著劑巧克力的痕跡。

3

組合完成。圓形環上下都固定。圓球等不易固定的組件，也因為事先在黏合側的組件上熔出一個凹洞，擴大黏合部位，所以可以安安穩穩的固定在圓形環上。

改變表面的質感 －活用篇－

學習製作類似木頭、岩石等各種表面質感的技法，讓巧克力裝飾藝術的呈現更加多樣化。

以手指勾勒	以手輕拍	以不鏽鋼刷子刮刷

1 以手指將調溫巧克力抹在想要改變表面質感的巧克力上。要塗抹一定的厚度，才能將原有的表面完全遮蓋住。

1 將調溫巧克力抹在想要改變表面質感的巧克力上，然後用手輕拍製造凹凸不平的效果。

1 以不鏽鋼刷子刮刷巧克力表面，側面也要。

2 靜置一旁凝固。手指勾勒的圖案看起來就像是簾幔縐褶的效果，感覺就像鋪了一層布。

2 靜置一旁凝固。粗糙的表面看起來就像是水泥塊。

2 清掉巧克力屑，就會如同照片中的組件，呈現出另外一種獨特的風情。

其他創意

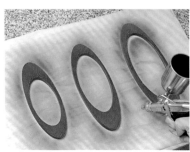

先將已經型塑好的巧克力冷凍，再以噴槍噴上30℃的彩色可可脂，溫熱的可可脂遇上冷凍的巧克力就會急速凝固，形成一種特別的霧面感。

在可可粉上描繪圖案作為模型，然後注入巧克力。表面沾有可可粉的巧克力呈現出另外一種與眾不同的質感。

作品製作

部落

A：部落人與周圍的組件

材料
黑巧克力
白巧克力
彩色可可脂（白色）
※若要自行調製，請參考P50的彩色可可脂製作方法。
可可粉

部落人
活用自由型塑的技法（→P66），以黑巧克力製作一具人偶。

面具
請參考P76。

弓
請參考P79。

腰間蓑衣（巧克力捲）
請參考P80。

曲線平台
1　活用自由型塑的技法（→P66）製作又細又長的曲線，要將兩端弄尖。並排在一起，如同照片中的作品一般，調整好位置與形狀，擺入冰箱中凝固。
2　凝固之後，在上面擺一張網狀的止滑專用墊，然後以噴槍噴上彩色可可脂（白色）。

柱體
請參考P81的「製作柱體」。

圓球
請參考P58的「製作圓球與蛋」，以黑巧克力製作大大小小的球。

B：蛋與底座

材料
黑巧克力

樹葉包覆的蛋
1　請參考P58「製作圓球與蛋」，以黑巧克力製作一個蛋。
2　請參考P68「製作葉片」，利用植物的樹葉，以黑巧克力製作葉片。
3　趁葉片巧克力還沒凝固時，黏合在蛋的上面。在葉片上沾一些黑巧克力，貼覆在蛋上面，然後以冷卻噴霧固定。從蛋的上方依序到下方，交疊貼上巧克力葉片。

底座
請參考P69「製作底座」，以黑巧克力製作底座，表面以不鏽鋼刷子刮刷（→P72）。

黏合用的巧克力
黑巧克力比較有硬度，可以確實黏合巧克力組件。
黏合白巧克力所製作的組件時，雖然製作方法中提到「以白巧克力進行黏合」，但除非黏合部位會露在外面，不然看不到的部位就使用黑巧克力來黏合以增加強度。

組合

材料
黑巧克力
白巧克力
加入黑巧克力的可可脂
┌ 可可脂
└ 黑巧克力
※以1：1的比例混合，維持在30℃。

1　以黑巧克力將樹葉包覆的蛋黏合在底座上。
2　以黑巧克力將曲線平台黏合在蛋的上面。
3　以黑巧克力將部落人黏合在2的上面。
4　以黑巧克力將腰間蓑衣（巧克力捲）一根根黏合在部落人的腰間上。
5　將加入黑巧克力的可可脂裝在噴槍中，噴在部落人身上。
6　將弓切成兩半，以白巧克力將半邊的弓黏合在手的上方，另外半邊則黏合在手的下方，讓弓看起來就像握在手中一樣。
7　以黑巧克力將面具黏合在部落人的臉上。
8　將柱體黏合在蛋的後方。
9　黏合圓球。黏合在曲線平台的話，先將圓球底部置於溫熱過的切麵刀上融化，然後置於廚房紙巾上停留幾秒，讓紙巾吸附多餘的巧克力後再黏上去。黏合在柱體上的話，則先將與圓球有同樣弧度的湯匙背面加熱，然後將圓球置於上面融化，之後直接黏合在柱體上。

面具

透過黑巧力與白巧克力層層交疊的方式來呈現樹木的年輪，然後再以雕刻刀細膩刻畫五官。

1 找一個有深度的模型（照片是13cm×10cm×高6cm的不鏽鋼方形容器），倒入約5mm高的白巧克力。連同模型在工作台上輕敲幾下，讓巧克力均勻平鋪，也將裡面的空氣排出來。擺入冰箱中凝固。

2 在凝固的白巧克力上，以毛刷刷上一層黑巧克力。

3 待黑巧克力稍微凝固後，再倒入約5mm高的白巧克力。

4 將容器輕敲工作台，使裡面的白巧克力均勻平鋪。擺入冰箱中凝固，待凝固後再以毛刷輕輕刷上一層黑巧克力。因面具有一定的厚度，所以要反覆同樣的步驟直到填滿容器。

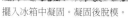

5 擺入冰箱中凝固。凝固後脫模。

以黑白層次的形式來呈現樹幹的感覺。

6
以瓦斯槍溫熱蛋糕刀，切下一塊厚度約1cm的長方體。

7
將黑白巧克力漸層的那一面朝上，以溫熱過的刀子切割出面具的形狀。先斜切長方體的左側。

8
同樣斜切長方體的右側。若刀子不夠熱，請再以瓦斯槍適度溫熱一下。

9
如同照片所示範的一般，左下角再斜切一刀。

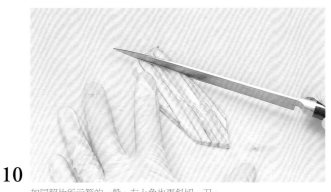

10
如同照片所示範的一般，右上角也再斜切一刀。

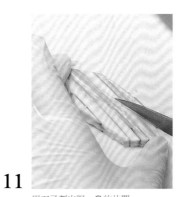

11
用刀子劃出眼、鼻的位置。

當黑巧克力開始凝固，卻還沒變硬之前，以廚房紙巾輕輕擦拭。憑印象將黑巧克力噴得較厚的部位擦拭、打磨一下。這個步驟可以使雕刻的面具更有立體感，也更能凸顯木紋的感覺。

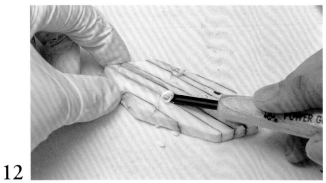

12 以雕刻刀刨削眼睛底下的部位（臉頰）。

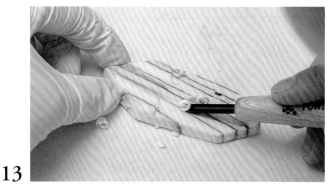

13 繼續刨削，讓之前鼻子畫線的部位高於臉頰。如此一來，眼睛和鼻子就都成型了。

14 面具整體都以雕刻刀仔細刻鏤，突顯出木頭的質感。

15 雕刻完成的面具。

16 以噴槍噴上黑巧克力。

17 當黑巧克力開始凝固，卻還沒變硬之前，以廚房紙巾輕輕擦拭。憑印象將黑巧克力噴得較厚的部位擦拭、打磨一下。這個步驟可以使雕刻的面具更有立體感，也更能凸顯木紋的感覺。

弓

利用透明桌墊製作螺旋狀的曲線棒，以此作為部落人手中的弓。因為要呈現出握在手中的感覺，記得要將曲線棒做得細一點。

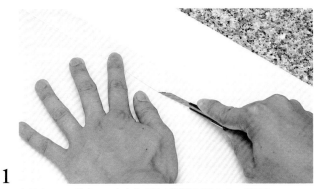

1 在厚度1mm，長度50cm左右的桌墊（塑膠製桌墊）上，裁切出一條寬2.5cm的長條。

2 將桌墊斜捲成螺旋狀，長度自行調整，多餘的部分用剪刀剪斷。兩端以膠帶固定。

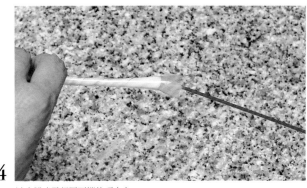

3 將白巧克力裝入擠花袋中，從螺旋狀桌墊的其中一端注入。記得將另外一端朝上，由下往上注入白巧克力，這樣比較不會有空氣跑進去，完成的作品也會比較漂亮。

4 以冷卻噴霧凝固兩端的巧克力。

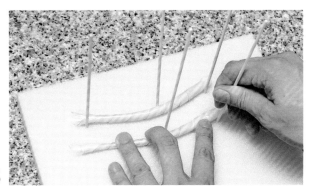

5 彎曲成弓型，以竹籤固定在保麗龍板上。擺入冰箱中凝固。

6 凝固後，小心拆掉外層的桌墊。

腰間蓑衣（巧克力捲）

用如針一般細長的巧克力捲來作為蓑衣的草桿。製作巧克力捲有兩大重點，除了以手心的溫度來調整巧克力的硬度外，入刀的角度要近乎水平，如此一來才能刮出細長的巧克力捲。

1 將黑巧克力倒在大理石工作台上，以L型抹刀均勻抹平成長方形，然後以刮刀將四個邊切齊。

2 靜置一會後，用手指確認硬度，以不沾附在手指上為原則。

3 手上的蛋糕刀以近乎水平的角度入刀，輕輕的削刮巧克力。

4 如果感覺巧克力變硬了，稍微以手心的溫度加溫，調整好巧克力的硬度後，就可以繼續作業。

柱體

將可可粉平鋪在塑膠盒中當模型，注入巧克力後擺入冰箱中凝固。方法雖然非常簡單，卻可以呈現出可可粉的獨特質感。

1 將可可粉倒入塑膠盒中，以刮板將表面刮平。

2 以手指畫出想要的圖形（需要有一定的深度）。成型後的作品表裏會相反，所以請將構圖反射在鏡中，並照著鏡中的圖案描繪。

3 使用擠花袋，將黑巧克力注入凹槽中。

4 擺入冰箱中凝固，凝固後將成型的作品取出來。

5 沾附有可可粉的那一面是表面。

煙火

▌**A**：花與周圍的組件

材料
黑巧克力
白巧克力

花朵
請參考第84頁。

蝴蝶結
請參考P86。

向上生長的葉片（粗曲線）
請參考P62「製作柱體」，以黑巧克力製作柱體。切割珍珠板時，前端要斜切。

向上生長的葉片（細曲線）
請參考P64「製作細長曲線」，製作S形的細長巧克力。

▌**B**：蛋與底座

材料
黑巧克力
白巧克力

煙火圖案的蛋
請參考P87。

底座
請參考P69「製作底座」，以黑巧克力製作底座，表面塗抹一層黑巧克力，然後用手輕拍作出凹凸不平的粗糙感（→P72）。

▌組合

材料 （黏合用的巧克力請參考P75）
黑巧克力
加入黑巧克力的可可脂
┌ 可可脂
└ 黑巧克力
※以1：1的比例混合，維持在30℃。

1 以黑巧克力將煙火圖案的蛋黏合在底座上。
2 將加入黑巧克力的可可脂裝在噴槍中，噴在煙火圖案的蛋上面，靜置一旁凝固。
3 將花朵底座的底部置於溫熱過的切麵刀上稍微融化，黏合在煙火圖案的蛋上面。
4 以黑巧克力將蝴蝶結黏合在花朵底座上。黏合沒有成圈狀的蝴蝶結時，請考慮整體平衡後再黏上。
5 分別將向上生長的葉片（粗曲線）與向上生長的葉片（細曲線）的黏合面置於溫熱過的切麵刀上融化，然後黏合在煙火圖案的蛋上面。

花朵

以煙火為藍本所製作的大花朵。以印章模型製成的自然縐褶，讓花瓣更加逼真寫實。為了呈現美麗花朵的樣貌，花瓣的角度也非常重要。

1 製作花瓣形狀的印章模型（→P55）。在塑膠板上切割出花瓣的形狀（寬2.4cm×長5.5cm左右），然後黏上把手。

2 將OPP底紙緊密黏貼在珍珠板上（→P54）。

3 將巧克力沾在印章上。

4 像蓋印般將巧克力蓋在OPP底紙上。以身體這一側為軸心，從對側提起印章。

5 蓋印結束後，將整張OPP底紙輕輕提起來，擺入半圓慕斯模中。使用身邊的瓶子等有弧度的器具代替也可以。

6 置於室溫（22～23℃）下24小時，讓巧克力自行凝固。凝固前（上）與凝固後（下）的顏色不一樣。若有急用的話，擺入冰箱中凝固也可以（所需時間依葉片大小而定，至少3小時以上）。

7

小心的將巧克力自OPP底紙上剝下來。巧克力完全凝固後（右側照片上方），表面會呈現明亮的光澤。如果尚未完全凝固就剝下來，表面就會呈現霧狀（右側照片下方）。

8

製作圓球（請參考P58），黏合在底座上。底座是利用圓形圈模製成，材料是黑巧克力。完成花朵的製作後，會連同底座一起黏合在整座巧克力裝飾藝術作品上，所以要選擇小型的圓形圈模。

9

在花瓣的尖端內側沾上黑巧克力。

10

以圓球的中心為軸，將花瓣以面向中心的方向一一黏貼上去，根部以冷卻噴霧固定。先固定3片花瓣。

11

左側照片是由上往下看的景象。請留意黏合用的巧克力有沒有溢出花瓣表面。接著黏合第二圈，第二圈需要6片花瓣。插入第一圈3片花瓣的下方，一片一片以冷卻噴霧固定。

12

如同花朵的綻放，依序向外黏貼花瓣，就會成為一朵美麗的巧克力花。

蝴蝶結

以製作立體曲線的方法（請參考P65）製作蝴蝶結的組件。在白巧克力上刮抹花紋，讓蝴蝶結的質感更具魅力。

1 準備寬4cm×長40cm左右的捲筒狀塑膠膜（或者將OPP底紙剪成4cm寬）鋪在工作板上，然後以L型抹刀將白巧克力薄薄的塗抹在上面。

2 使用全新的密齒梳在白巧克力上畫出波紋。將梳子向側邊移動時，要順勢上下滑動，這樣才會有波浪的紋路。

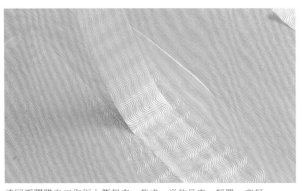

3 連同塑膠膜自工作板上撕起來，裁成一半的長度。靜置一旁凝固。

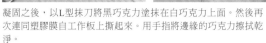

4 凝固之後，以L型抹刀將黑巧克力塗抹在白巧克力上面。然後再次連同塑膠膜自工作板上撕起來。用手指將邊緣的巧克力擦拭乾淨。

5 當巧克力呈霧狀，開始凝固時，立即調整為蝴蝶結組件所需要的形狀。以竹籤將部分組件固定在保麗龍板上，其餘的則將前後兩端黏合在一起，做成淚滴狀的緞帶。

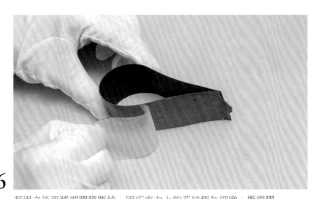

6 凝固之後再將塑膠膜撕掉。因巧克力上的花紋極為細緻，撕塑膠膜時請務必小心謹慎。

煙火圖案的蛋

使用迷你刻模機（刨刨工具），在蛋殼上雕刻出煙火的圖案。以黑巧克力與白巧克力製作出內外雙層的蛋，並透過雕刻來呈現煙火的圖案。

1 製作蛋（請參考P58）。將整個蛋形模型倒滿白巧克力，當模型內壁都沾滿白巧克力後，立刻倒扣模型將裡面的白巧克力倒出來。以切麵刀將溢出的白巧克力刮除，平放於工作台上凝固。

2 在完全凝固之前，以切麵刀仔細的將溢出於模型外的白巧克力清乾淨，然後置於圓形圈模上自然凝固。

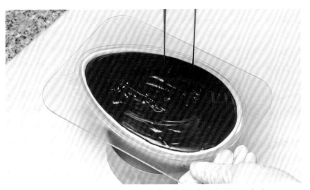

3 接下來，將整個蛋形模型倒滿黑巧克力，擺入冰箱中凝固。在完全凝固之前，拿出來將巧克力表面抹平。

4 自模型中取出巧克力，平面朝下置於工作台上。準備刻磨機（PROXXON製），裝上切斷用的砂輪片鑽頭。

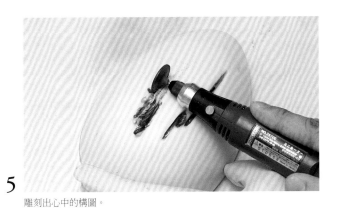

5 雕刻出心中的構圖。

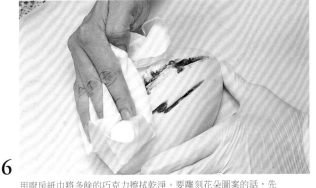

6 用廚房紙巾將多餘的巧克力擦拭乾淨。要雕刻花朵圖案的話，先換上其他像花瓣形狀的鑽頭，然後直接鑽進白巧克力中。圓點也是利用同樣的方式雕刻。雕刻完所有圖案後，再將兩個一半的蛋組合在一起。

振翅翱翔

▌A：妖精與周圍的組件

材料
黑巧克力
白巧克力
上色的巧克力（紅色）
上色的巧克力（綠色）
彩色可可脂（白色）
彩色可可脂（紅色）
※若要自行調製，請參考P50的彩色可可脂製作方法。

妖精的身體
1　活用自由型塑的技法（→P66），以黑巧克力製作一具人偶。手的製作方法，請參考P91的「手」。
2　全身都噴上彩色可可脂（白色）。

翅膀
請參考P90。

花
請參考P92。

立體曲線
1　請參考P65的「製作立體曲線」，將黑巧克力倒在OPP底紙上，均勻抹平成長方形，然後將四邊切齊。使用小刀在巧克力薄片上割線條，然後捲起來固定。
2　凝固之後，撕下OPP底紙，以黑巧克力將3條片狀的立體曲線黏合在一起。黏合時稍微錯開，不要排列得太過工整。

圓球
請參考P58「製作圓球與蛋」，以白巧克力製作大大小小的球。

▌B：蛋與底座

材料
黑巧克力
上色的巧克力（紅色）
加入黑巧克力的可可脂
┌ 可可脂
└ 黑巧克力
※以1：1的比例混合，維持在30℃。
明膠模型
┌ 片狀明膠　670g
│ 水　1000ml
│ 白砂糖　450g
│ 水飴※　270g
│ 色素
│ ┌ 食用色粉（藍色）　適量
└ └ 二氧化鈦　適量

※麥芽糖的成分若是用樹薯粉加熱水發酵而成，因為顏色較淡，就稱為水飴。

妖精的蛋
1　準備3個大小不一的蛋形模型（各小1號的模型）。
2　在大型（最大的）的蛋形模型中倒入黑巧克力，於工作台上輕敲一下，讓巧克力表面更平整。然後擺入冰箱中凝固。
3　製作明膠模型。在中型（第二大）的蛋形模型中倒入以食用色粉（藍色）及二氧化鈦染成水藍色的明膠液，擺入冰箱中凝固。
4　明膠凝固後脫模。平面朝下置於工作台上，像照片中的作品一樣，在明膠中間挖洞，將黑巧克力隨意的倒進去，然後擺入冰箱中凝固。凝固之後，將溢出周圍的巧克力刮除，把邊緣修整漂亮。
5　以食物處理機磨碎上色的巧克力（紅色）至肉鬆狀，裝在小型（最小）的蛋形模型中。
6　將2大型模型中的巧克力取出來，平面朝上置於工作台上。將5小型模型中的巧克力也拿出來。然後將黑巧克力擠在大型蛋形巧克力的平面上，將小型蛋形巧克力的平面黏合在中間位置。
7　將4的巧克力黏合在6的上面。
8　以噴槍將加入黑巧克力的可可脂噴在7上面，但請小心不要噴到位於中間的上色的巧克力。

底座
請參考P69的「製作底座」，以黑巧克力製作底座，表面塗抹黑巧克力後，以手指勾勒出圖案（→P72）。

▌組合

材料　（黏合用的巧克力請參考P75）
黑巧克力
白巧克力

1　以黑巧克力將妖精的蛋黏合在底座上。
2　以黑巧克力將立體曲線黏合在妖精的蛋的上面。
3　以黑巧克力將花的莖桿部位黏合在立體曲線的前面。
4　以黑巧克力將妖精的身體黏合在花莖桿部位與立體曲線上。準備一把有弧度，可以配合身體曲線的器具，溫熱後稍微融化莖桿與曲線的黏合部位，然後與妖精的身體黏合在一起。
5　以白巧克力將翅膀黏合在妖精的背上。
6　以白巧克力將圓球黏合在立體曲線上。

翅膀

這是黏合在妖精身上的翅膀組件,盡可能製作得輕薄些。以手指稍微捏一下尖端部位,塑造出立體的外型。

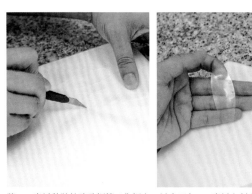

1 將OPP底紙黏貼於珍珠板等工作板上,以小刀在OPP底紙上割出翅膀的形狀。

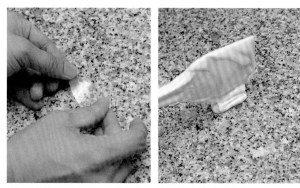

2 將翅膀薄膜置於大理石工作台上,然後將白巧克力抹在薄膜上面。

3 以L型抹刀將白巧克力抹成薄片狀。因為要黏合在整座巧克力裝飾藝術作品的上半部,所以盡可能抹得輕薄些。

4 使用刮刀將薄膜挑起。手指盡量不要碰到巧克力。

5 輕輕捏合一下尖端部位,以冷卻噴霧凝固。冷卻噴霧要從背面(有薄膜的那一側)輕輕噴一下。然後靜置一旁凝固。

6 確認巧克力完全凝固後,再小心的將薄膜撕下來。

A

手

延續至手指的手部動作都充分表現出妖精振翅高飛，一心奔向空中的渴望。精緻細膩的捏塑，提高作品的完成度。

1

活用自由型塑的技法（→P66）製作雙手。使用食物處理機將黑巧克力研磨至黏土狀，取出需要的份量置於大理石工作台上，慢慢搓揉至軟。一邊拉長，一邊捏出手腕的形狀，然後以手指壓平手掌的部位。

2

先用小刀在巧克力手掌上劃一刀，慢慢捏塑出大拇指的形狀。

3

同樣再用小刀劃三刀，慢慢捏塑出其他四隻手指頭。

4

最左手邊是捏塑完成的作品。

5

為了將巧克力手直立起來，先以瓦斯槍溫熱鑷子的其中一端，然後趁熱在巧克力手的底部刺一個洞，將竹籤插進去。

6

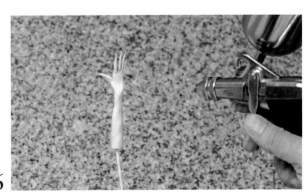

以噴槍噴上白色的彩色可可脂。將竹籤插在泡棉板或保麗龍板上晾乾。

花

利用手掌心向內凹的特性，捏塑出花朵自然的弧度。精雕細琢得甚至讓大家對巧克力裝飾藝術另眼相看。

1 製作花朵的莖桿。以食物處理機磨碎綠色的上色巧克力至肉鬆狀，取出需要的份量置於大理石工作台上，慢慢搓揉至軟。

2 搓揉成細長狀。為避免留下指紋，可在巧克力上面鋪一層透明的資料夾，這樣巧克力表面就會十分光滑平整。

3 以小刀切齊兩端，然後彎曲成自己喜歡的弧度。靜置一旁凝固。莖桿部分完成。

4 製作花蕊。以食物處理機磨碎白巧克力至肉鬆狀，取出需要的份量置於大理石工作台上，然後以不鏽鋼擀麵棍（使用一般木製擀麵棍也可以，但不鏽鋼製的比較不會沾黏）擀平研磨好的巧克力。

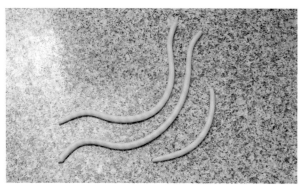

5 以小型圓形切模（照片中是直徑2cm與1.5cm的切模）壓出幾個小圓。

6 製作花瓣。以食物處理機磨碎紅色的上色巧克力至肉鬆狀，取出需要的份量置於大理石工作台上，然後以不鏽鋼擀麵棍擀平。

7

以糖塑用推壓花模壓在擀平的巧克力上，壓出花朵的形狀。

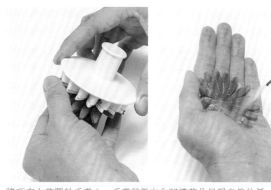

8

將巧克力花置於手掌心，手掌稍微向內凹讓花朵呈現自然的弧度，然後以冷卻噴霧凝固。

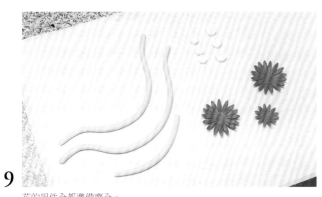

9

花的組件全都準備齊全。

10

用擠花袋擠一些黑巧克力在花朵的正中央。將白巧克力做成的圓形花蕊擺上去。

11

以裝有彩色可可脂（紅色）的噴槍稍微在中心部位噴一些。

12

用擠花袋擠一些黑巧克力在莖桿的切面上，然後將剛才那朵花擺上去，黏合部位以冷卻噴霧加以固定一下。

禪

A：紅花與周圍的組件

材料
黑巧克力
彩色可可脂（紅色）
※若要自行調製，請參考P50的彩色可可脂製作方法。

紅色花
1 以淚滴模型製作花瓣，然後以噴槍噴上紅色的彩色可可脂，靜置一旁凝固。
2 請參考P112「蓮花」的製作方式，以黑巧克力製作花。

紅色葉片
請參考P99。

裝飾物
請參考P100。

B：蛋與底座

材料
黑巧克力
彩色可可脂（紅色）
※若要自行調製，請參考P50的彩色可可脂製作方法。

紅色蛋
請參考P96。

底座
請參考P69的「製作底座」，以黑巧克力製作底座。

組合

材料 （黏合用的巧克力請參考P75）
黑巧克力

1 以黑巧克力將紅色蛋黏合在底座上。
2 將兩個不同大小的裝飾物黏合在蛋上面。裝飾物的下半部請配合蛋的弧度融化（溫熱可以配合蛋弧度的器具再貼於其上）後，與蛋黏合在一起。
3 以黑巧克力將紅色葉片黏合在裝飾物的底部。
4 稍微融化紅色花的底座，然後與裝飾物黏合在一起。

紅色蛋

紅得發亮的蛋殼上，從裂縫窺視另外一個世界。蛋的裡面是另外一片以不鏽鋼刷子刮刷出獨特花紋的巧克力。

1 將紅色的彩色可可脂加溫至30°C，適量的倒入蛋形模型中。

2 以手指將彩色可可脂薄薄的塗抹均勻。模型的溫度大約與室溫（22°C）一致，可可脂很快就會凝固，所以塗抹的速度要盡量快一點。

3 薄薄的均勻塗抹完畢。如果塗抹得太厚，可可脂會強力沾黏在模型內壁，可能就不容易沾附在巧克力上，所以訣竅是薄薄的一層就好，而且要均勻。塗抹好之後，置於常溫下凝固。擺放在圓形圈模上，模型才能平放不傾斜。

4 先在工作台上鋪一層止滑桌墊，然後再擺上圓形圈模，最後再將蛋形模型放在上面。使用擠花袋將黑巧克力擠在模型中，擠成鋸齒狀。

5 沿著蛋的外緣也擠一圈黑巧克力。

6 將模型水平的倒扣過來，讓多餘的黑巧克力滴落，然後再以切麵刀將周圍的黑巧克力刮除。

7

依照P59「製作圓球與蛋」的步驟7～11，將模型倒過來放，直到
巧克力表面霧化，然後將突出於模型外的巧克力刮除。

8

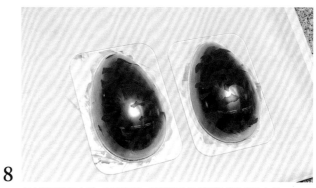

在木製工作板上鋪一層烤盤紙，讓倒著放的模型與烤盤紙貼合在
一起，擺入冰箱中凝固。

9

巧克力凝固後會收縮，也就比較容易脫膜。留在模型上的紅色痕
跡，就是沒有擠上黑巧克力的彩色可可脂部分。脫膜後，這個部
分就成了蛋殼上的裂縫。

10

準備一個小一號的蛋形模型，在裡面倒滿黑巧克力，然後擺入冰
箱中凝固。凝固之後，以矽膠刮刀沾黑巧克力，隨意在上面滴落
線條。

11

再次擺入冰箱中凝固。凝固後以不鏽鋼刷子刮刷巧克力表面。

12

將半邊的紅色蛋翻過來，切面朝上。為了不讓指紋沾附在紅色表
面，可以利用竹籤等器具幫忙翻面。

蛋

13 使用擠花袋，將黏合用的黑巧克力擠在蛋殼裡。請小心不要擠到外面，並且盡量擠在殼內比較厚（比較突起）的巧克力上面。

14 將小一號的蛋（→P97，步驟11）擺進去，黏合在一起。

15 將另外一半紅色蛋殼的切面置於溫熱過的不鏽鋼板上，稍微融化一下。這時候也以竹籤來作業，不要直接用手觸碰。

16 置於廚房紙巾上，吸附多餘的巧克力。

17 然後放在步驟14的另外一半的紅色蛋殼上。要上下對準。

18 上下對準黏合起來的蛋。如果有錯位的情況，請戴上手套從側邊調整（不要觸碰蛋殼的正面）。

紅色葉片

上薄下厚的植物葉片，利用巧克力自然的流動特性來製作。

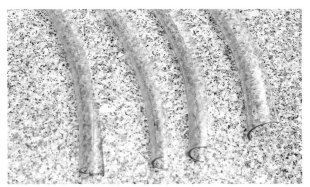

1
剪下一段長度適中的粗水管（塑膠材質），縱向切成一半（照片中是直徑3.5cm，長度約35cm的水管）。

2
在水管內側噴上紅色的彩色可可脂，靜置一旁凝固。

3
以擠花袋將黑巧克力擠在水管內側，不要擠過多。將水管慢慢直立起來，讓巧克力向下流動。如此一來，上端會變薄，下端則因為巧克力向下集中而變厚。

4
將水管置於倒扣過來的攪拌盆上，於室溫中（22℃）凝固。

5
從變薄的上端部位撐開水管，小心的將巧克力拿下來。請不要用力拉扯。

6
完美的將巧克力從水管上取下來。事前均勻的噴上彩色可可脂，以及等巧克力完全凝固後才脫膜，是樹葉完美成形的重點。

裝飾物

作品「禪」統一都是紅色色調，但不同組件各有不同的質感。裝飾物這部分是先冷凍後再以噴槍噴上彩色可可脂，所以表面呈現一種粗糙的質感。

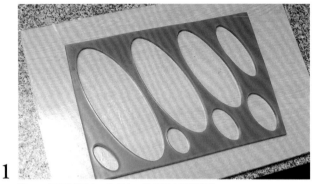

1 將OPP底紙緊密貼在工作板上，然後擺上矽膠模型。
※矽膠模型是「Bonne Chance」製造的JMAT03。

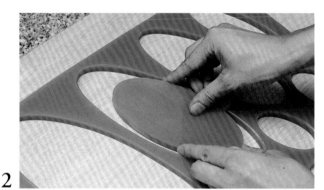

2 在中空的橢圓形裡面擺放一個小一號的橢圓形矽膠板。

3 將黑巧克力擠在空隙中。連同工作板拿起來輕敲一下，將裡面的空氣排出，也讓巧克力表面更平整。然後擺入冰箱中凝固。

4 凝固後，將矽膠模型拿掉。

5 完成橢圓形組件。

6 以手指將黑巧克力塗抹在橢圓形框的表面，作出一些自然的紋路。

7
邊緣、橢圓形框的內側都要記得塗抹。

8
擺入冷凍庫中凝固。

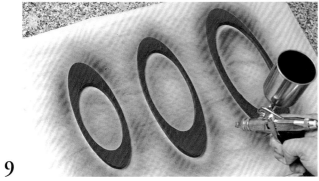

9
凝固後，以噴槍噴上紅色的彩色可可脂。巧克力是冰的，所以可
可脂一噴上去就會瞬間凝固，呈現出一種獨特的粗糙感。

誕生

A：恐龍與周圍的組件

材料
黑巧克力
白巧克力
彩色可可脂（白色）
彩色可可脂（綠色）
彩色可可脂（紅色）
※若要自行調製，請參考P50的彩色可可脂製作方法。

恐龍
1　請參考P106製作恐龍的組件。
2　以黑巧克力黏合組件，完成恐龍。

古木
請參考P104。

B：蛋與底座（巢）

材料
黑巧克力
白巧克力
可可粉

恐龍蛋
請參考P58「製作圓球與蛋」。使用有裂縫花紋的蛋形模型，以白巧克力製作恐龍蛋。脫模後，以溫熱過的刀子沿著裂縫割開，再將兩個半顆的蛋殼黏合在一起，就可以完成一顆狀似裂開的恐龍蛋。

巢
請參考P107。

組合

材料　（黏合用的巧克力請參考P75）
黑巧克力

1　以黑巧克力將恐龍蛋黏合在巢的上面，恐龍蛋的角度要稍微傾斜一點。
2　以黑巧克力將恐龍黏在恐龍蛋裡面。恐龍與恐龍之間也以黑巧克力黏合。
3　然後再以黑巧克力將2黏合在古木上。

古木

以故事中恐龍背後的茂密樹林為藍本。漸層效果的葉片是這個作品的特色之一。訣竅是噴上白色的彩色可可脂當底色，以凸顯其他鮮豔的色彩。

1 活用自由型塑的技法（→P66）製作古木。以食物處理機將黑巧克力研磨成黏土狀，只取出需要的份量置於大理石工作台上，慢慢搓揉至軟。在黏土狀的巧克力上鋪一層透明資料夾，慢慢將巧克力搓揉成長條狀。

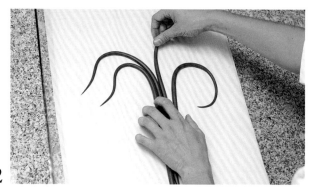

2 在木製工作板上鋪一層烤盤紙，將步驟1的成品在烤盤紙上排出想要的形狀。

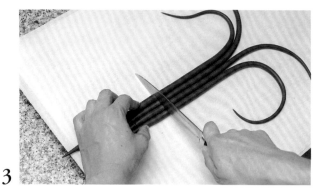

3 將多餘的部分切掉，並擺入冰箱中凝固。

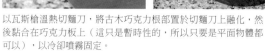

4 以瓦斯槍溫熱切麵刀，將古木巧克力根部置於切麵刀上融化，然後黏合在巧克力板上（這只是暫時性的，所以只要是平面物體都可以），以冷卻噴霧固定。

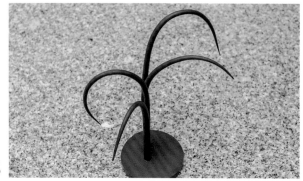

5 想像1棵樹長出許多莖桿的模樣，將剛才製作的條狀巧克力全都黏合在巧克力板上。雖然最後組合的時候會將巧克力板移除，但盡量將位置調整到從每個角度看過去都非常完美。

6 以小刀在OPP底紙上割出葉片的形狀，置於大理石工作台上。以L型抹刀將黑巧克力薄薄的抹在上面。抹的時候請記得OPP底紙葉片的位置。

7 將三角刮刀從OPP底紙葉片的中線部位往側邊刮。

8 再一次將三角刮刀從中線部位往外另一側刮。

9 拿起OPP底紙葉片,用手指將突出於葉片周圍的黑巧克力清乾淨。

10 將沾有巧克力的那一面黏合在古木上,暫時放著讓它凝固。等凝固後再小心的將OPP底紙撕下來。為了呈現粗糙,不光滑的感覺,先擺入冷凍庫中冰一會。

11 在冷凍庫中充分冷卻後,先在樹葉上噴上白色的彩色可可脂。凝固後再噴上綠色的彩色可可脂。

12 凝固後,再噴上最後一層紅色的彩色可可脂。

恐龍

雖然是以組合玩具的恐龍為藍本，但大理石花紋的設計讓恐龍更顯生動有趣。

1 參考照片，利用珍珠板切割出恐龍各組合部位的外框，然後參考 P56，注入矽膠樹脂製作原創模型。

2 以擠花袋將黑巧克力擠入模型中，用冷卻噴霧將裡面的小氣泡戳破，並利用竹籤等前端較尖的器具將黑巧克力撥到各個小角落。

3 擺入冰箱中凝固後，以竹籤沿著模型內緣畫一圈，小心的將巧克力與模型分開。

4 成功脫膜。

5 將恐龍巧克力組件排列在涼架上。

6 將調溫好的白巧克力倒入鍋子或鋼盆中，以矽膠刮刀沾黑巧克力縱橫交錯的滴灑在白巧克力上。

巢

以恐龍的巢作為巧克力裝飾藝術的底座。
將巧克力擠在水中,邊擠邊塑型。

7
然後再以矽膠刮刀在表面勾勒出螺旋狀花紋。

1
在鋼盆中裝冰水,放入一個空心圓模。利用小開口的擠花袋,擠出又細又長的黑巧克力細線,擠滿一整個空心圓模。然後連同鋼盆直接擺入冰箱中凝固。

8
將白、黑巧克力製成的大理石花紋巧克力淋在恐龍組件上。

2
當黑巧克力色澤改變,凝固後,倒掉空心圓模中的水,脫模後放在涼架上晾乾。

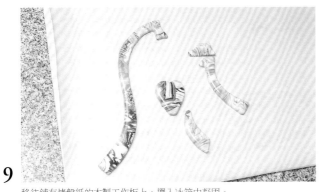

9
移往鋪有烤盤紙的木製工作板上,擺入冰箱中凝固。

3
巧克力顏色之所以改變,是因為巧克力裡的糖分溶解在水中。等表面乾了以後,使用網篩將可可粉撒在上面。

生命力

▎A：花與周圍的組件

材料
白巧克力

常春藤
請參考P110。

葉片
請參考P111。

蓮花
請參考P112。

小花（印花模製成）
請參考P114。

花苞
1 參考P65「製作立體曲線」的步驟1～3，在OPP底紙上將白巧克力均勻抹平成長方形薄片。
2 以小刀在巧克力薄片上割線條，以花瓣的寬度（約5mm）為基準，然後彎曲成自己想要的弧度後固定。
3 撕掉OPP底紙，以白巧克力當作黏著劑，將曲線組件組合成花苞。

圓球
製作兩種類型的球。第一種，請參考P58「製作圓球與蛋」，以白巧克力製作表面光滑的圓球。另外一種則請參考P115「圓球（自由型塑）」。

▎B：蛋與底座

材料
白巧克力

蛋
請參考P58「製作圓球與蛋」。使用有花紋的蛋形模型，以白巧克力製作蛋。

花飾
1 請參考P58「製作圓球與蛋」，製作一些小圓球。
2 請參考P90「翅膀」，以白巧克力製作翅膀當作花瓣使用。

底座
請參考P69「製作底座」，使用有花紋的模型，以白巧克力製作底座。

▎組合

材料 （黏合用的巧克力請參考P75）
白巧克力
彩色可可脂（紅色）
※若要自行調製，請參考P50的彩色可可脂製作方法。

1 以白巧克力將蛋黏合在底座上面。
2 以白巧克力將花飾的花瓣黏合在蛋上面，然後再以白巧克力將小圓球黏在花瓣正中央。
3 以白巧克力將葉片黏合在2的蛋上面。
4 以白巧克力黏合蓮花、花苞。
5 將常春藤根部置於溫熱過的切麵刀上融化，然後與蛋黏合在一起。
6 以白巧克力將小花（印花模製成）黏合在常春藤上。
7 視整體造型插入葉片，並將兩種圓球配置在適合的位置上，使用白巧克力作為黏著劑。
8 最後以噴槍噴上紅色的彩色可可脂。從單一方向噴，營造出朝陽照射的感覺。

常春藤

呈現常春藤糾葛交纏的模樣。為了使表面光滑無痕，使用透明資料夾來搓揉巧克力。

1 活用自由型塑的技法（→P66）製作常春藤。先以食物處理機磨碎白巧克力至肉鬆狀，然後繼續攪拌到變成黏土狀為止。

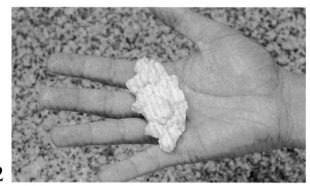

2 呈黏土狀。取出需要的份量就好。

3 置於大理石工作台上搓揉至軟。

4 搓揉成長條狀。為避免留下指紋，可在巧克力上面鋪一層透明的資料夾，這樣巧克力表面就會十分光滑平整。

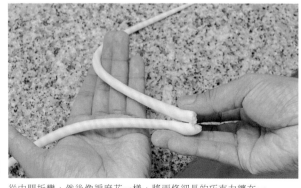

5 從中間折彎，然後像編麻花一樣，將兩條細長的巧克力纏在一起。

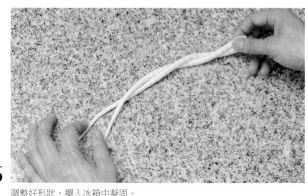

6 調整好形狀，擺入冰箱中凝固。

葉片

用手指製作葉片，每一片都是獨一無二，不會有相同的形狀。拉出自然的曲線，再利用慕斯模等模型來製作弧度，讓葉片更具有跳躍感。

1

將OPP底紙裁剪出適當的大小，置於大理石工作台上，然後倒入一些白巧克力。

2

以手指將白巧克力往前推開。

3

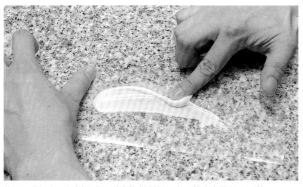

將OPP底紙上下顛倒過來，以食指從對側往自己的方向修整一下外緣的形狀。

4

再次上下顛倒OPP底紙，這次則是從身體這一側往對側修整一下另外一邊的形狀。

5

連同OPP底紙一起放在慕斯模背面的弧度上，靜置一會讓白巧克力凝固（照片中使用的是法國長棍麵包模。只要模型有弧度，哪一種都可以）。

6

確定白巧克力凝固後，再小心的將OPP底紙撕下來。用手指順一下白巧克力的邊緣。利用手指的溫度將邊緣的小突起融化。

蓮花

將花瓣做得輕薄透光。利用花瓣層層交疊,製造出陰影漸層的效果,呈現出最自然的美貌。

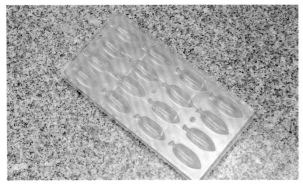

1 使用可可豆形模型製作花瓣。照片中是長6cm,16穴的可可豆形模型。

2 使用擠花袋,將白巧克力擠在模型中。

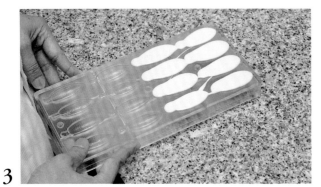

3 將模型在工作台上輕敲幾下,排出裡面的空氣,使巧克力表面更平整。

4 為了使可可豆尖端部位變得比較薄,所以倒出巧克力時,請斜著拿,並將尖端部位朝上。

5 以切麵刀刮掉多餘的巧克力。

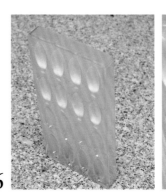
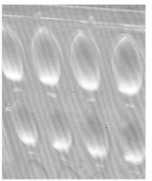

6 將模型立著凝固,記得尖端部位朝上。如此一來,巧克力會順勢積在下半部,上半部就會變得比較薄。凝固到一個程度後,就可以平放下來,然後擺入冰箱中凝固。

7

請參考P58以白巧克力製作圓球。照片中是使用直徑4cm的半球模型所製作的。將圓球底部置於溫熱過的切麵刀上，使底部變成平的，然後黏合在鋪有烤盤紙的轉台中央。

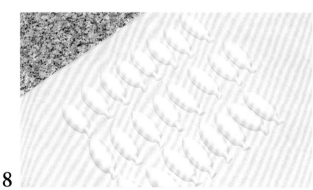

8

可可豆形的巧克力凝固後，小心脫模。

9

用手指滑過花瓣邊緣，抹掉突起部分。尖端部位朝上。

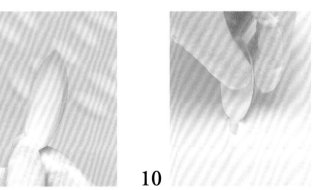

10

花瓣底部沾上一些白巧克力，黏合在圓球上，以冷卻噴霧加以固定。以近乎直立的角度黏合中間三片。

11

接下來，以兩片的中間黏一片的方式依序一片片的黏下去。右側照片是黏合好六片花瓣的半成品。黏合時要小心藏好黏合部位。

12

繼續以兩片的中間黏一片的方式，將花瓣依序黏合上去。越到外圍，花瓣要越傾斜，呈現出盛開的模樣。

小花（印花模製成）

使用金屬製的印花模製作小花。雖然步驟簡單，卻可以真實呈現花朵的形狀。模型價格偏高，但使用起來非常方便。

1 先將印花模擺在冰箱中，充分冷卻。

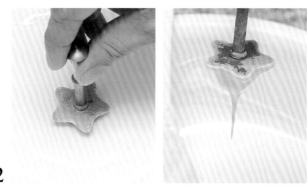

2 將模型浸在白巧克力中，然後再拿起來。

3 以冷卻噴霧加以凝固。噴頭不要靠得太近，整體都要確實噴到。

4 以刀子尖端插進巧克力與模型的邊緣，小心的將巧克力脫模。

圓球（自由型塑）

只要將磨碎的巧克力直接裝進半球形模型中，黏合起來後就能有不同於平時單調的外表，更富於變化的有趣質感。

1 以食物處理機磨碎白巧克力至肉鬆狀。

2 將磨碎的巧克力裝進半球形模型中，以食指、大拇指確實壓緊。

3 用切麵刀將模型表面刮平。

4 用手指將成型的巧克力拿出來。

5 以瓦斯槍溫熱切麵刀，將半球的切面置於切麵刀上稍微融化一下。

6 切面對準切面，黏合成一個圓球。

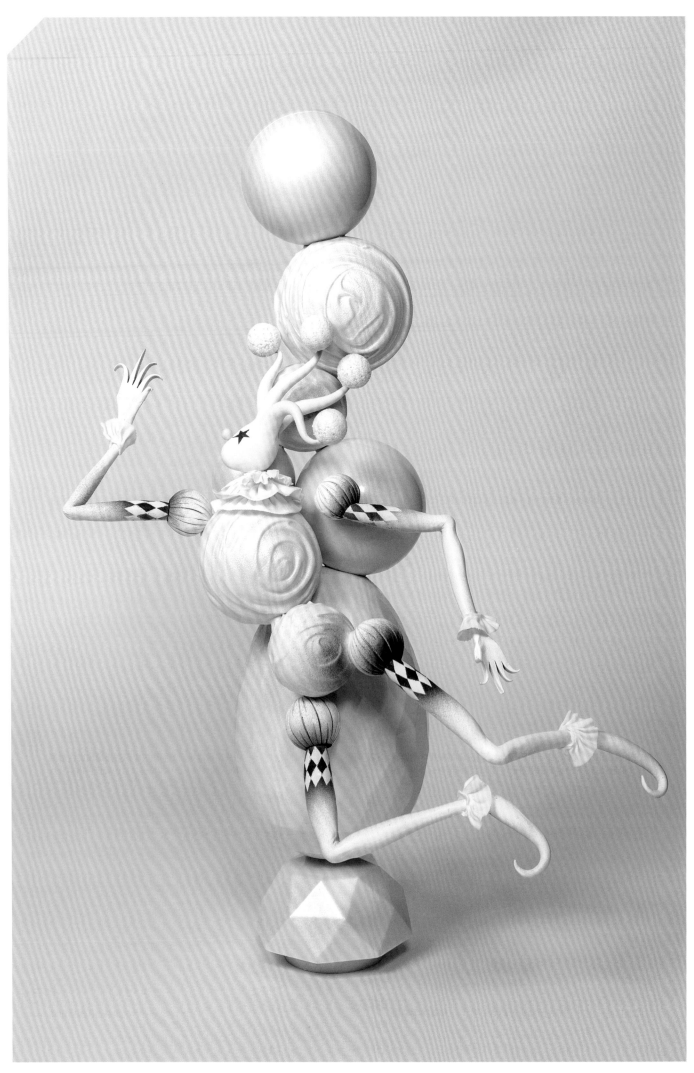

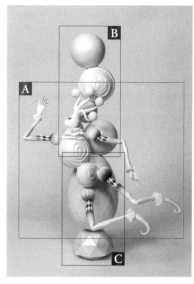

création 7
小丑

A：小丑

材料
黑巧克力
白巧克力
彩色可可脂（白色）
彩色可可脂（紅色）
彩色可可脂（銀色）
※若要自行調製，請參考P50的彩色可可脂製作方法。
加入黑巧克力的可可脂
┌ 可可脂
└ 黑巧克力
※以1：1的比例混合，維持在30℃。

小丑的頭

1 活用自由型塑的技法（→P66），參考照片中的示範，以黑巧克力製作小丑的頭。插入竹籤立在珍珠板上。
2 以噴槍噴上彩色可可脂（紅色），靜置一旁凝固。
3 在紙膠帶上剪出星星形狀，貼於眼睛部位，然後將頭部噴上白色的彩色可可脂。撕掉紙膠帶，靜置一旁凝固。
4 請參考P115「製作圓球（自由型塑）」，以白巧克力製作小圓球和鼻子。
5 以溫熱過的鑷子在圓球上鑽洞，然後將圓球插入頭部的尖端部位，並以冷卻噴霧固定。
6 以白巧克力將鼻子黏合上去。

小丑的腳
請參考P119，製作小丑的腳與綯褶褲管。以溫熱過的切麵刀稍微融化腳跟部位，然後將綯褶褲管黏合上去。

小丑的手
請參考P119「小丑的腳」，製作小丑的手與綯褶袖口。手的部分可參考P91「手」。以溫熱過的切麵刀稍微融化手腕部位，然後將綯褶袖口黏合上去。

綯褶
1 請參考P121。
2 趁還沒變硬之前，黏合在小丑的手與腳上。頸部的領口部分，由下往上依序縮小尺寸，以白巧克力黏合三片綯褶。

小丑的身體
1 請參考P118「有花紋的圓球」，以白巧克力製作大小不一的圓球。
2 以噴槍噴上彩色可可脂（銀色）。
3 凝固之後，在小圓球上噴上加入黑巧克力的可可脂，噴部分就好，不要全部都噴。

B：層層相疊的圓球

材料
白巧克力
彩色可可脂（銀色）
※若要自行調製，請參考P50的彩色可可脂製作方法。

圓球
1 製作兩種類型且大小不一的圓球。第一種，請參考P58「製作圓球與蛋」，以白巧克力製作表面光滑的圓球。另外一種則請參考P118「有花紋的圓球」。
2 以噴槍在圓球上面噴上彩色可可脂（銀色）。

C：蛋與底座

材料
白巧克力
彩色可可脂（銀色）
※若要自行調製，請參考P50的彩色可可脂製作方法。

鑽石花紋的蛋
請參考P58「製作圓球與蛋」。在鑽石花紋蛋形的模型中塗抹彩色可可脂（銀色），然後倒入白巧克力，製作鑽石花紋的蛋。

底座
請參考P69「製作底座」，在鑽石花紋的模型中塗抹彩色可可脂（銀色），然後倒入白巧克力，製作底座。

組合

材料 （黏合用的巧克力請參考P75）
白巧克力

1 以白巧克力將鑽石花紋的蛋黏合在底座上面。
2 以溫熱過的切麵刀融化圓球底部，一個個交疊的黏合在鑽石花紋的蛋上面。
3 在2的蛋及圓球的前面黏上小丑的身體。融化有花紋的圓球（小丑的身體）的底部，然後黏上去。
4 以白巧克力將三層綯褶領口黏合在3的小丑身體上。
5 以白巧克力將小丑的頭黏合在4的綯褶領口上。
6 黏合小丑的手與小丑的腳。黏合的時候，以白巧克力當黏著劑，也可以融化組件的一小部分黏合上去。其中一隻手不要黏在身體上，而是黏合在圓球上。

有花紋的圓球

在圓球表面做出漩渦狀的花紋。有花紋的圓球是小丑的身體，呈現出一種神祕的氛圍。

1 將白巧克力倒入半球形狀的模型中，靜置一會後（為了使球殼有一定厚度），將模型倒扣，再以切麵刀刮掉多餘的巧克力。

2 將模型倒放在木製工作板上，中間以厚度約1公分的木棍架高。然後連同木製工作板一起擺入冰箱中凝固。

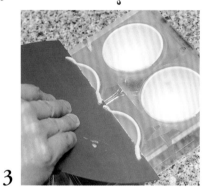

3 在巧克力尚未完全凝固前，自冰箱中取出，以切麵刀將突出於模型外的巧克力刮除。記得以中線位置往上、往下的方式刮掉多餘的巧克力。

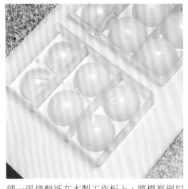

4 鋪一張烤盤紙在木製工作板上，將模型倒扣在烤盤紙上。擺入冰箱中，讓巧克力完全凝固。

5 凝固之後，小心的脫模。

6 將切面置於溫熱過的切麵刀上融化，然後移至廚房紙巾上吸附多餘的巧克力，再將兩個一半的球殼對準黏合在一起。

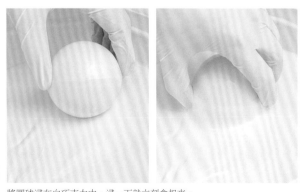

5 將圓球浸在白巧克力中，浸一下就立刻拿起來。

6 以手指從中心向外畫出螺旋狀花紋。

小丑的腳

小丑的腳是服飾與鞋子一體成型，極富藝術性。精緻的設計與漸層效果，格外引人注目。

1 活用自由型塑的技法（→P66），將巧克力磨碎攪拌至黏土狀，取出需要的份量搓揉至軟，並且搓成長條狀，其中一端要又尖又細。在搓長的同時，邊以手指型塑出膝蓋和腳踝的部位（這兩個部位較其他部分來得細）。

2 彎曲膝蓋和腳踝部位，腳尖處拉起尖勾，就像穿了一雙尖頭鞋。

3 再取出一些黏土狀的巧克力，用手掌搓揉成圓球。

4 用杏仁膏雕塑工具在圓球上畫線。

5 再加上一些短細線，呈現出衣服的蓬鬆感。

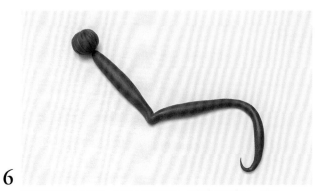

6 將腳與圓球組合起來，再黏上縐褶褲管，看起來就像穿了一件燈籠褲。

小丑的腳

7 以瓦斯槍溫熱鑷子的尖端，然後在圓球中央鑽一個洞，插入竹籤。

8 以冷卻噴霧固定。同樣在腳上也插入竹籤，以冷卻噴霧固定。

9 將竹籤插在泡棉板或珍珠板上。

10 在燈籠褲圓球、腳上噴上白色的彩色可可脂。為了使噴上去的色彩能夠均勻一致，噴槍不要靠得太近。

11 在切割板上貼數條紙膠帶（塑料模型專用，寬5mm的紙膠帶）。

12 以小刀斜向切割，割出菱形的圖案。

縐褶

雖然利用薄透的巧克力做出縐褶是件不容易的事,但只要熟悉巧克力的軟硬與力道大小的控制,就可以製作出精緻的巧克力縐褶。

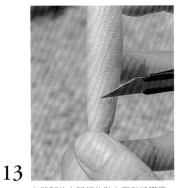

13
在雙腳的大腿部位貼上菱形紙膠帶。

1
倒一些白巧克力在大理石工作台上,以L型抹刀推開成薄片狀。以切麵刀切齊四邊成長方形。

14
將加入黑巧克力的可可脂加熱至30°C,以噴槍噴在貼有紙膠帶的部位及燈籠褲圓球上,噴出漸層的效果。

2
以手指壓住的部位為支點,將切麵刀的前端呈扇形狀推開。

15
以鑷子撕掉腳上的紙膠帶。

3
完成巧克力縐褶。趁尚未凝固前黏合在小丑的手與腳上。

金屬

A：可可果實

材料
黑巧克力
彩色可可脂（白色）
彩色可可脂（黑色）*
彩色可可脂（銀色）
※若要自行調製，請參考P50的彩色可可脂製作方法。
*若要製作黑色的彩色可可脂，請將所有（或數種）彩色可可脂全混雜在一起。
食用色粉（珍珠亮粉／銀色）

可可果實

1 請參考P58「製作圓球與蛋」，使用可可果實形的模型，以黑巧克力製作可可樹的果實。
2 以噴槍噴上白色的彩色可可脂，擺入冰箱中凝固。然後再以噴槍噴上黑色的彩色可可脂，再擺入冰箱中凝固。
3 以毛刷塗抹上銀色的食用色粉。

可可果實的葉蒂

請參考P124。

可可果實的葉片

1 請參考P90「翅膀」的技法，以OPP底紙裁剪出翅膀的形狀，然後以毛刷塗抹銀色的彩色可可脂。
2 等1凝固後，由上而下塗抹黑巧克力，抓住根部，以冷卻噴霧凝固。等凝固之後再撕掉OPP底紙。

金屬葉片

請參考P125。

金屬曲線

1 請參考P66「自由型塑」的技法，用手指在巧克力上面做出類似打鐵的凹凸效果。彎曲成S形後，加以定型使其凝固。
2 以噴槍先噴上白色的彩色可可脂，然後再噴黑色的彩色可可脂。
3 以沾有冰水的廚房紙巾輕輕打磨。

B：蛋與底座

材料
黑巧克力
彩色可可脂（白色）
彩色可可脂（黑色）*
彩色可可脂（銀色）
※若要自行調製，請參考P50的彩色可可脂製作方法。
*若要製作黑色的彩色可可脂，請將所有（或數種）彩色可可脂全混雜在一起。
食用色粉（珍珠亮粉／銀色）

曲線圍繞的蛋

1 請參考P58「製作圓球與蛋」，使用有花紋的蛋形模型，以黑巧克力製作蛋，並依序噴上白色的彩色可可脂與黑色的彩色可可脂，然後再以廚房紙巾適度擦拭。最後以毛刷將食用色粉塗抹上去。
2 製作金屬曲線（參考左側的製作方法），將曲線圍繞在蛋的外圍，凝固後依序以噴槍噴上白色的彩色可可脂與黑色的彩色可可脂，然後再以沾有冰水的廚房紙巾輕輕打磨。
3 以黑巧克力將2黏合在1的上面。

底座

1 將黑巧克力倒入圓形圈模中，凝固後脫模。
2 製作金屬曲線（參考左側的製作方法），以漩渦狀的方式圍繞在1的四周，凝固後依序以噴槍噴上白色的彩色可可脂與黑色的彩色可可脂，然後再以沾有冰水的廚房紙巾輕輕打磨。

組合

材料　（黏合用的巧克力請參考P75）
黑巧克力

1 以黑巧克力將曲線圍繞的蛋黏合在底座上。
2 以黑巧克力將金屬曲線與金屬葉片交疊的黏合在1上面。
3 以黑巧克力將可可果實黏合在2上面。
4 以黑巧克力將可可果實的葉蒂與可可果實的葉片黏合在可可果實上。

可可果實的葉蒂

塗上食用色素的一種珍珠亮粉（銀色），製作可可果實的葉蒂。調整巧克力的硬度是製作時的一大訣竅。

1 以L型抹刀將大理石工作台上的黑巧克力抹成薄片狀。

2 以切麵刀切齊四邊成長方形。

3 以手心稍微摩擦巧克力表面，藉由手心的溫度讓巧克力變軟。

4 使用竹籤在巧克力上畫螺旋狀的圖案。

5 以毛刷塗抹銀色的食用色粉。

6 手指壓住切麵刀的一角，用力向前推，讓巧克力捲起來。

金屬葉片

使用有葉脈紋路的原創模型製作葉片。以噴槍和色粉雙重上色，呈現金屬的顏色與質感。

1
使用擠花袋將黑巧克力擠入原創模型中（→P56）。連同模型在工作台上輕敲幾下，排出空氣，並且使巧克力表面光滑平整。

2
擺入冰箱中凝固，凝固後脫模。

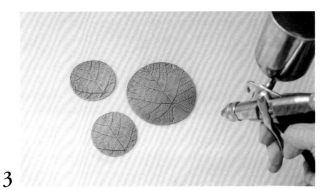

3
以噴槍噴上白色的彩色可可脂，擺入冰箱中凝固。

4
凝固之後，再以噴槍噴上黑色的彩色可可脂（混合數種顏色的彩色可可脂），然後再擺入冰箱中凝固。

5
以廚房紙巾適度擦拭。

6
以軟毛刷沾上一點點銀色的食用色粉（珍珠亮粉），輕輕刷就好。如果色粉的使用量太多，巧克力表面會過於閃亮，這一點要特別注意。

NAOMI MIZUNO ✕

水野直己 みずのなおみ

經歷

1978年	京都府福知山市出生。
1997年	服務於「甜點之家 NOA（おかしの家ノア）」。
2002年	服務於「PARISIENNE餐廳（レストラン　パリジェンヌ）」。之後前往法國修業，於「Le grenier a pain」研習學藝。
2003年	師事巴黎「Le Trianon ANGERS」的GALLOYER師傅。
2004年	回國後於東京「二葉製菓學校」擔任講師。榮獲「東京國際蛋糕展（Japan Cake Show TOKYO）」小型工藝菓子項目的銀牌獎。
2005年	榮獲「東京國際蛋糕展（Japan Cake Show TOKYO）」小型工藝菓子巧克力工藝菓子項目的銀牌獎。榮獲「André Lecomte比賽」的Paris–Brest獎。榮獲第十三屆「內海杯技術大賽」金牌獎　等大獎
2006年	榮獲「UIPCG第七屆Masters Class世界選手權德國大賽」的世界第四名。
2007年	榮獲2007年於法國巴黎舉辦的「2007世界巧克力大師賽（World Chocolate Master）」綜合優勝獎。
2008年	擔任「Barry Callebaut公司」的「Callebaut」品牌大使。
2009年	擔任福知山市「洋菓子MOUNTAIN」的甜點主廚。

在2007世界巧克力大師比賽中，
一舉成為世界級的巧克力達人

　　「世界巧克力大師賽（World Chocolate Master）」是世界最大巧克力原料製造商「百樂嘉利寶公司」所主辦的比賽，只要在比賽中獲得優勝，就是全世界認證的一流巧克力達人。在各國舉辦的預賽（日本主辦單位：日本洋菓子協會聯合會）中獲得優勝，就可以親臨在法國巴黎「SALON DU CHOCOLAT PROFESSIONNEL」會場舉辦的世界大賽，與各國好手一較高下。2007年舉辦的世界大賽，主題是「祖國的神話與傳說」。根據這個主題，來自世界20幾個國家的巧克力工匠展開為期3天的白熱化大戰。最終結果會評選出「巧克力裝飾藝術」、「盛裝甜點（Assiette dessert）」、「夾心巧克力（Bon Bon Chocolat）」、「巧克力蛋糕（entremets chocolate）」項目，以及「綜合優勝」的冠軍得主。

　　綜合優勝的冠軍得主就是水野直己。不僅是日本第一人，更是亞洲第一位獲得這項殊榮的選手。水野直己除了稱霸「巧克力裝飾藝術」和「巧克力蛋糕」兩個項目外，更以巧克力裝飾藝術「天狗」，在天空中隨風起舞的天狗，吸引世界各國的目光。

照片提供：百樂嘉利寶日本分公司（2007年世界巧克力大師賽）

CELLAR DE CHOCOLAT

宣揚水野直己巧克力世界的
CELLAR DE CHOCOLAT

　　水野直己於2009年回到家鄉福知山市，擔任父親水野亘先生經營的「洋菓子MOUNTAIN」的甜點主廚。鑑於修業期間在法國各地看到許多深植於歷史、文化中的法式甜點店，深感「對甜點達人來說，在出生長大的城鎮裡製作各式美味甜點是一種非常幸福的生活方式。」所以自己也選擇走上這條路。

　　2012年，在福知山城附近新開幕的「YURANO-GARDEN」裡，新增設了推廣巧克力的「CELLAR DE CHOCOLAT」。在父母創設、深受當地居民愛戴的店裡，增設了水野直己的巧克力世界，讓所有人能夠更進一步貼近巧克力。

　　巧克力專區與華麗的甜點賣場連成一線，在古董飾品的裝飾下，整個空間瀰漫著一股靜謐感。裡面整齊擺設著「2007年世界巧克力大師賽」的優勝作品、以故鄉為題材的新作品，以及色彩繽紛的標示牌。愉悅開朗的店內氣氛，搭配巧克力專區那凜然寂靜的氣息，「洋菓子MOUNTAIN」獨具的雙面色彩，正可謂是水野直己世界的最佳寫照。

洋菓子MOUNTAIN

京都府福知山市堀今岡6 YURANO-GARDEN
（ゆらのガーデン）
TEL－0773-22-1658
URL－http://www.naomi-mizuno.com/